AF773400

H.-G Schöpf

Von Kirchhoff bis Planck

REIHE WISSENSCHAFT

Die REIHE WISSENSCHAFT ist die wissenschaftliche Handbibliothek des Naturwissenschaftlers und Ingenieurs und des Studenten der mathematischen, naturwissenschaftlichen und technischen Fächer. Sie informiert in zusammenfassenden Darstellungen über den aktuellen Forschungsstand in den exakten Wissenschaften und erschließt dem Spezialisten den Zugang zu den Nachbardisziplinen.

Hans-Georg Schöpf

Von Kirchhoff bis Planck

Theorie der Wärmestrahlung in historisch-kritischer Darstellung

Mit 9 Abbildungen

Springer Fachmedien Wiesbaden GmbH

Herausgeber dieses Bandes:
Prof. Dr. Hans-Georg Schöpf
Sektion Physik der Technischen Universität Dresden

CIP–Kurztitelaufnahme der Deutschen Bibliothek

Schöpf, Hans-Georg
Von Kirchhoff bis Planck: Theorie d. Wärmestrahlung in histor.-krit. Darst. — 1. Aufl. — Braunschweig: Vieweg, 1978.
(Reihe Wissenschaft)

Akademie-Verlag Berlin 1978
1978

Ursprünglich erschienen bei Friedr. Vieweg & Sohn Verlagsgesellschaft mbH, Braunschweig 1978
Softcover reprint of the hardcover 1st edition 1978
Lizenzausgabe für
Friedr. Vieweg & Sohn Verlagsgesellschaft mbH, Braunschweig, mit Genehmigung des Akademie-Verlages, DDR-Berlin
Herstellung: VEB Druckhaus „Maxim Gorki", 74 Altenburg

ISBN 978-3-528-06840-0 ISBN 978-3-663-13885-3 (eBook)
DOI 10.1007/978-3-663-13885-3

Vorwort

Im Lehrbetrieb der theoretischen Physik (und nicht nur dieser) werden augenscheinlich Behauptungen mathematisch-physikalischen oder ähnlichen Inhalts und eingeflochtene historische Bemerkungen mit durchaus unterschiedlicher Sorgfalt behandelt. Im ersten Fall wird der Dozent, sofern er den Anspruch erhebt, seriös zu sein, in der Regel nichts vortragen, von dessen Richtigkeit er sich nicht vorher persönlich überzeugt hätte, obwohl er dabei im allgemeinen die Darlegungen der Lehrbücher bestätigt findet. Historische Bemerkungen hingegen werden nur allzu oft kritiklos von den Lehrern übernommen und an die Schüler weitergetragen, obwohl ein Blick in die Quellen zeigen würde, daß es sich in der Regel um Geschichtslegenden handelt. Als ich aus Anlaß des 75. Jubiläums der PLANCKschen Quantenhypothese einen Gedenkvortrag konzipierte, wurde mir das deutlich bewußt, und ich fühlte mich bewogen, das Quellenstudium auf die Vorgeschichte auszudehnen. Sie beinhaltet die Entwicklung der Wärmestrahlungstheorie, die im Zeitraum von 1860 bis 1900 erfolgte und durch die Namen KIRCHHOFF, BOLTZMANN, W. WIEN, RAYLEIGH und PLANCK gekennzeichnet ist. Aus der Beschäftigung mit den Werken dieser großen Physiker hat sich dann im Laufe der Zeit das vorliegende Büchlein entwickelt.

Seine wissenschaftshistorische Prätention ist bescheiden. Wir hoffen, wenigstens die gröbsten der gängigen Irrtümer über den historischen Sachverhalt richtiggestellt zu haben. Jedoch war kein Platz, um auf dem allgemeinen gesellschaftlichen und physikgeschichtlichen Hintergrund das persönliche Schicksal, den persönlichen

Stil der erwähnten Forscher abzuheben und ihren Beitrag zum wissenschaftlichen Fortschritt allseitig zu würdigen.

Aber ihren hier nachgedruckten Texten stellen wir auch nicht einfach eine „moderne Darstellung“ gegenüber, als ob es außer Diskussion stünde, daß eine „moderne Darstellung“ auch in jeder Hinsicht die beste und verständlichste sei. Wir sind im Gegenteil den Gedanken der Originalarbeiten nachgegangen, und dabei entstand gewissermaßen von selbst ein Grundriß der Wärmestrahlungstheorie in historischer Darstellung. Nichts könnte besser belegen, daß aller Anlaß besteht, die in ihrer Ursprünglichkeit lebendigen, ebenso tiefsinnigen wie elementaren Ideen und Methoden der großen Meister der Physik dem gegenwärtigen akademischen Lehrbetrieb nutzbar zu machen.

In diesem Sinne würden wir es sehr begrüßen, wenn auch Studenten dieses Büchlein zur Hand nähmen. Dessen eingedenk haben wir versucht, den Inhalt so zu gestalten, daß er möglichst ohne spezielle Vorkenntnisse verständlich ist. Das war auch ein Grund dafür, das kurze Kapitel über die BOLTZMANNsche Gasstatistik aufzunehmen. Ein anderer Grund ist natürlich ihr Einfluß auf die Entwicklung der Strahlungstheorie.

Selbstverständlich kann auch in der Physik die Rezeption des klassischen Erbes nicht kritiklos erfolgen. Lassen die Klassiker in manchen Punkten durchaus mehr Sorgfalt als die heutige Lehrbuchliteratur walten, so gibt es andererseits Passagen, die uns in Hinblick auf die Diktion oder die mathematische Technik oder die logische Stringenz nicht zu befriedigen vermöchten. Wie wir in solchen Fällen verfahren sind, mag der Leser durch Vergleich unserer Darstellung mit den originalen Texten ersehen und dabei zugleich entscheiden, ob wir im Geist der Autoren gehandelt haben. In einem Fall, und zwar bei den Veröffentlichungen PLANCKS vor dem Herbst des Jahres 1900, haben wir uns auf den Nachdruck eines kurzen Auszugs beschränkt. Dafür sprach der große

Umfang dieser Arbeiten, aber auch die Tatsache, daß sie ja nicht zum Ziel führten. Wir hielten es jedoch für angemessen, ihren Inhalt ausführlich zu referieren. Im historischen Rückblick nämlich erweist es sich nicht selten, daß ein großartiger Irrtum den Fortschritt der Wissenschaft mehr stimuliert hat als manche kleine Wahrheit.

In nicht wenigen Fällen bringt erst das Licht späterer Kenntnisse Wahrheiten zum Vorschein, die in den originalen Ansätzen impliziert sind, ohne daß sie schon gesehen werden konnten. Es ist eine legitime Aufgabe historisch-kritischer Analyse, solche Wahrheiten zu explizieren, wenn dabei auch Anachronismen in Kauf zu nehmen sind. Von dieser Art ist das 6. Kapitel dieses Büchleins, das die Interpretation der WIENschen Strahlungstheorie als die eines klassischen Lichtteilchengases enthält. Man kann nicht über Wärmestrahlung schreiben, ohne den korpuskularen Aspekt des Lichts zu berücksichtigen. In engem Zusammenhang damit steht die Schwankungsproblematik. Wir haben sie im 7. Kapitel behandelt, das auch den gesteckten engeren historischen Rahmen überschreitet.

Die von den Autoren der reproduzierten Texte gewählten Bezeichnungen physikalischer Größen konnten selbstverständlich nicht angetastet werden. Zur Erleichterung für den Leser haben wir auf S. 195 die wichtigsten Symbole den von uns im ersten Teil benutzten gegenübergestellt. Wir hielten es für berechtigt, diese in einer historischen Darstellung an der über Jahrzehnte bewährten PLANCKschen Nomenklatur zu orientieren, wenn auch Identität weder möglich noch erstrebenswert war.

Die Orthographie der Originalarbeiten wurde dagegen durchweg der heute üblichen angepaßt. Das hat meine Frau bei der von ihr besorgten Herstellung des Manuskripts bewerkstelligt. Sie hat auch die benutzte Originalliteratur herangeschafft. Für ihren wesentlichen Beitrag zur Fertigstellung dieses Büchleins möchte ich ihr sehr herzlich danken. Dank gebührt ferner Herrn Professor H.-J.

Treder, Potsdam-Babelsberg, der mich zu dieser Arbeit ermutigt hat und an ihrem Fortgang lebhaftes Interesse zeigte. Schließlich sei dem Akademie-Verlag für seine verständnisvolle Zusammenarbeit aufrichtig gedankt.

Dresden, 30. Oktober 1976

H.-G. Schöpf

Inhaltsverzeichnis

Teil 1

Teil 2

Teil 1

KAPITEL 1

Gustav Kirchhoff und das Emissions-Absorptions-Gesetz

Daß Wärme nicht nur durch Leitung, sondern auch durch Strahlung transportiert wird, und daß diese Wärmestrahlung mit dem Licht eng verwandt sein muß, gehört zu den alltäglichen Erfahrungen. Die Sonne wie alle glühenden Körper spenden uns gleichermaßen Wärme und Licht. Tatsächlich unterscheiden sich die nicht sichtbaren Wärmestrahlen von den Lichtstrahlen nur durch ihre längere Wellenlänge. Die Physik der Wärmestrahlung bildet also das Bindeglied zwischen Thermodynamik und Optik und war somit von vornherein dazu berufen, das physikalische Weltbild zu vereinheitlichen; das um so mehr, sobald die Optik als Zweig der Elektrodynamik erkannt wurde. Dieser fundamentale Charakter des Wärmestrahlungsproblems hat schließlich auch PLANCK bestimmt, sich ihm zuzuwenden. Nicht voraussehen konnte er, daß die Vereinigung von Thermo- und Elektrodynamik den Rahmen der klassischen Physik sprengen mußte und er ungewollt eine der größten Revolutionen der Physik einleiten sollte. Doch ist es gerade dieser Umstand, der uns die Geschichte der Wärmestrahlungstheorie so außerordentlich interessant erscheinen läßt.

Sie beginnt mit PIERRE PREVOST. Er erkannte 1809, daß die Ausstrahlung jedes Körpers von seiner Umgebung unabhängig ist. Von daher entwickelte er die dialektische Vorstellung des Gleichgewichts, das nicht ein Erlöschen der Ausstrahlung voraussetzt, sondern in der Ausgewogenheit von Emission und Absorption (von außen zugestrahlter Wärme) besteht. Diese Konzeption ist für alle späteren Theorien von dynamischen Gleichgewichtszuständen vorbildlich. Insbesondere aber bildet sie das Fundament der gesamten Wärmestrahlungstheorie.

Diese kam alsbald dazu, die Gleichheit von Absorption und Emission nicht nur für die Gesamtstrahlung, sondern für jede Strahlengattung zu postulieren. 1853 stellte ANGSTRÖM[1]) den Satz auf, daß ein Körper „im glühenden Zustand gerade alle Strahlenarten aussenden muß, welche er in gewöhnlicher Temperatur absorbiert". Hier sind noch erhebliche Unklarheiten ersichtlich, denn es muß natürlich heißen „bei derselben Temperatur". 1858 führte BALFOUR STEWART[2]) Untersuchungen über Wärmestrahlung und Absorption an Platten durch und kommt zu folgendem Schluß: „Die Absorption einer Platte ist ihrer Ausstrahlung gleich und das für jede Gattung der Wärme(-Strahlen)."

Es ist aber erst das Verdienst GUSTAV ROBERT KIRCHHOFFS, den präzisen und tiefen Sinn erkannt zu haben, der hinter derartigen Vorstellungen verborgen lag. Seine grundlegende Arbeit „Über das Verhältnis zwischen dem Emissionsvermögen und dem Absorptionsvermögen der Körper für Wärme und Licht" (1860) ist in diesem Band (unwesentlich gekürzt) nachgedruckt. Angeregt wurde sie durch KIRCHHOFFS und BUNSENS einige Monate zurückliegende Entdeckung, daß die FRAUNHOFERschen Absorptionslinien im Sonnenspektrum mit den Emissionslinien bekannter Dämpfe und Gase zusammenfallen. KIRCHHOFF wertete seine Entdeckung als einen Beweis der für unser Weltbild so bedeutsamen Tatsache, daß die Materie auch außerhalb der Erde die bekannten chemischen Elemente aufweist. Zur Absicherung dieses Beweises sah sich KIRCHHOFF veranlaßt, das Verhältnis von Emission und Absorption theoretisch zu untersuchen. Dabei konnte er allerdings nicht wissen, daß in den meisten Fällen chemische oder elektrische Anregung das Leuchten der Gase verursachen und das Zusammen-

---

[1]) Ann. Physik **94** (1853) 144.

[2]) Trans. Roy. Soc. Edinburgh, 1858.

fallen ihrer Absorptions- und Emissionslinien deshalb nicht von der Wärmestrahlungstheorie erklärt wird.

Unter welchen Umständen soll demgegenüber von Wärmestrahlung gesprochen werden? Fällt Strahlung auf ein Oberflächenelement eines Körpers, so wird ein Teil reflektiert, der Rest dringt in das Innere ein. Von der eingedrungenen Strahlung gelangt ein Teil wiederum nach außen, der Rest wird absorbiert. Im Fall der Wärmestrahlung dient die hierbei verlorengegangene Strahlungsenergie ausschließlich zur Erwärmung des Körpers. Dringt umgekehrt Strahlung aus dem Inneren eines Körpers nach außen, so ist ein Teil davon früher in den Körper eingefallen, der Rest von ihm erzeugt worden. Im Fall der Wärmestrahlung wird die hierzu notwendige Energie ausschließlich durch Abkühlung des Körpers kompensiert.

In seinem Nachruf auf KIRCHHOFF charakterisiert BOLTZMANN dessen physikalisches Denken als „die schärfste Präzisierung der Hypothesen, feine Durchfeilung, ruhige mehr epische Fortentwicklung mit eiserner Konsequenz ohne Verschweigung irgendwelcher Schwierigkeit, unter Aufhellung des leisesten Schattens“. Obwohl BOLTZMANN die Abhandlung KIRCHHOFFS über Absorption und Emission mit Recht als „künstlerisch schön“ bezeichnet, erschwert aber jene epische Behandlungsweise, die Rangfolge der einzelnen Argumente einzuschätzen. Wir werden uns daher in unserer Darstellung auf diesen Punkt konzentrieren, zumal seinen Interessen gemäß KIRCHHOFF Erörterungen optischer Details so breiten Raum widmet, daß die Thermodynamik davon fast überdeckt wird.

Zunächst stellen wir wenige, für das Verständnis notwendige Begriffe der geometrischen Optik in elementarer Weise zusammen. Die Beschränkung auf die Strahlenoptik bedingt eine solche Wahl der Abmessungen, daß Beugungserscheinungen vernachlässigt werden können. Die den leeren Raum erfüllenden Strahlen werden hinsichtlich ihrer Wellenlänge λ und ihrer Ausbreitungsrichtung $\mathbf{s}$ klassifiziert. Da es weder absolut monochromatische Strahlung noch streng parallele Bündel gibt, betrachten wir Strahlen einer bestimmten „Gattung", deren Wellenlängen im Intervall zwischen λ und $\lambda + \mathrm{d}\lambda$ liegen und deren Richtungen um $\mathbf{s}$ einen Kegel mit dem kleinen räumlichen Öffnungswinkel $\mathrm{d}\Omega$ erfüllen. Am Ort $\boldsymbol{x}$ fassen wir ein Flächenelement $\mathrm{d}A$ ins Auge, dessen Normale mit $\mathbf{s}$ den (spitzen) Winkel ϑ bildet. Für die Energie, die von Strahlen der erwähnten Gattung während der Zeit $\mathrm{d}t$ durch $\mathrm{d}A$ transportiert wird, schreiben wir

$$\mathrm{d}W = \mathfrak{K}(\lambda, \boldsymbol{x}, \mathbf{s})\, \mathrm{d}\lambda \cos\vartheta\, \mathrm{d}A\, \mathrm{d}\Omega\, \mathrm{d}t. \qquad (1)$$

Da sich die Proportionalität mit $\mathrm{d}A$, $\mathrm{d}\lambda$, $\mathrm{d}\Omega$, $\mathrm{d}t$ von selbst versteht, ist (1) als Definition der „spezifischen Intensität" $\mathfrak{K}$ aufzufassen. Sie wurde so getroffen, daß die ersichtlich notwendige Bedingung $\mathrm{d}W = 0$ für $\vartheta = \pi/2$ von vornherein erfüllt ist.

Ferner kann der Strahl in zwei Komponenten zerlegt werden, die in den aufeinander und auf $\mathbf{s}$ senkrechten Richtungen a und b linear polarisiert sind. Die Intensitäten dieser Komponenten setzen sich additiv zusammen:

$$\mathfrak{K} = \mathfrak{K}_a + \mathfrak{K}_b. \qquad (2)$$

Für unpolarisierte Strahlung ist $\mathfrak{K}_a = \mathfrak{K}_b$.

In das Strahlungsfeld werden jetzt zwei Flächenelemente $\mathrm{d}A_1$, $\mathrm{d}A_2$ gelegt, deren lineare Abmessungen klein gegenüber ihrem Abstand r sind. Die Strahlen, die von einem beliebigen Punkt von $\mathrm{d}A_1$ ausgehen und $\mathrm{d}A_2$ treffen, bilden, wie aus Abb. 1 ersichtlich, einen Kegel mit der Achse $\mathbf{s}$ und der Öffnung

$$\mathrm{d}\Omega_1 = \mathrm{d}A_2 \cos\vartheta_2 / r^2,$$

welche bis auf Größen höherer Ordnung von der Lage des Punktes auf $\mathrm{d}A_1$ unabhängig sind. Deshalb, und weil im Vakuum keine Strahlungsenergie verlorengeht, wird die von $\mathrm{d}A_1$ dem Element $\mathrm{d}A_2$ zugestrahlte Energie $\mathrm{d}W_{1\to 2}$

diejenige sein, welche durch dA_1 geht und durch die angegebenen Parameter bestimmt ist:

$$dW_{1\to 2} = \mathfrak{K}_1 d\lambda \cos\vartheta_1 dA_1\, d\Omega_1\, dt$$
$$= \mathfrak{K}_1 d\lambda \cos\vartheta_1 dA_1 \cos\vartheta_2\, dA_2 dt/r^2. \quad (3)$$

Die Symmetrie hinsichtich der geometrischen Größen gibt Anlaß zu folgender *nützlichen Bemerkung:* Wird im

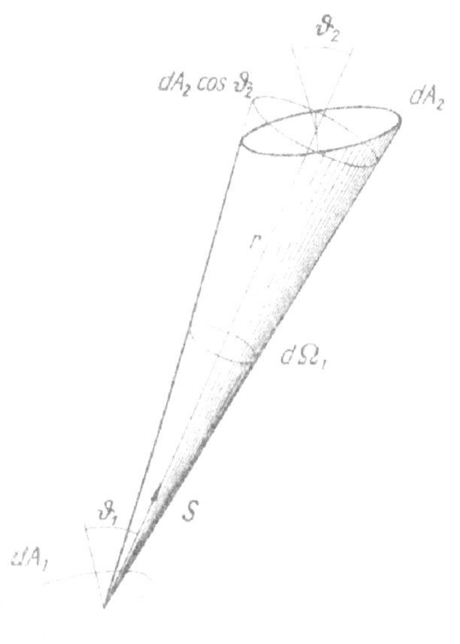

Abb. 1

Strahlungsfeld die durch (3) gegebene Energie $dW_{1\to 2}$ von dA_1 dem Element dA_2 zugestrahlt, so strahlt dA_2 dem Element dA_1 die Energie

$$dW_{2\to 1} = \mathfrak{K}_2 d\lambda \cos\vartheta_1\, dA_1\, d\Omega_1\, dt \quad (4)$$

zu, so daß also lediglich $\mathfrak{K}_1$ durch $\mathfrak{K}_2$ zu ersetzen ist.

Zur Emission und Absorption der Strahlung übergehend, bemerken wir, daß KIRCHHOFF nicht mit der Untersuchung beliebiger strahlender Körper beginnt. Als Schlüssel zum Erfolg erweist sich vielmehr, daß zunächst ein Körper konzipiert wird, dessen Absorption definitionsgemäß auf einfachste Weise festliegt, so daß nur noch seine Emission untersucht werden muß. Es ist der schwarze Körper. Er ist als ein solcher definiert, welcher überhaupt nicht reflektiert und transmittiert, sondern alle auftreffende Strahlung absorbiert. Die von ihm emittierte, „schwarze" Strahlung hat universellen Charakter. Sie ist für alle schwarzen Körper dieselbe. Das ist der Inhalt des ersten von KIRCHHOFF aufgestellten Theorems.

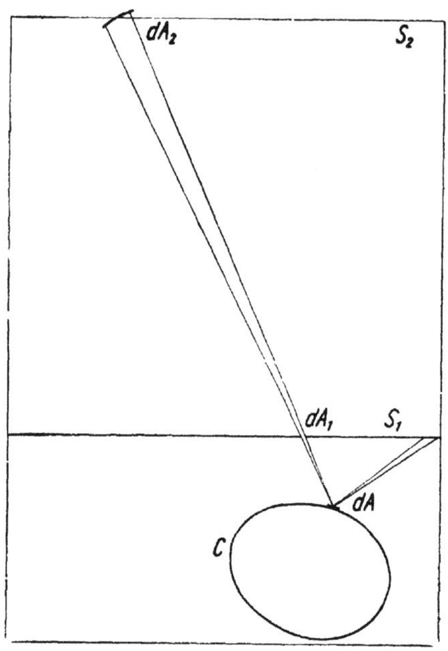

Abb. 2

KIRCHHOFF umhüllt den schwarzen Körper C mit schwarzen Wänden. Der Schirm S_1, in dem die Blende $\mathrm{d}A_1$ ausgespart ist, soll ebenfalls schwarz sein. Sodann werden Strahlen eines kleinen Wellenlängenbereiches und bestimmter Polarisation betrachtet, welche von C ausgehend durch die Blende $\mathrm{d}A_1$ auf ein gegenüberliegendes Wandelement $\mathrm{d}A_2$ treffen. Die von ihnen transportierte Energie (5) $\mathrm{d}W_{1\to2}$ kann dann mit der durch ein Flächenelement $\mathrm{d}A$

von C emittierten Energie identifiziert werden:

$$\mathrm{d}W_{1\to 2} = \mathrm{d}W^0_{\mathrm{em}} = \mathfrak{E}^0\, \mathrm{d}\lambda\ \cos\vartheta\, \mathrm{d}A\, \mathrm{d}\Omega\, \mathrm{d}t. \qquad (5)$$

Sie ist unabhängig vom Polarisationszustand sowie von Natur, Gestalt und Orientierung des schwarzen Körpers C. Dabei ist der Faktor $\mathfrak{E}^0$ in (5) eine universelle Funktion der Wellenlänge und der Temperatur,

$$\mathfrak{E}^0 = \mathfrak{E}^0(\lambda, T). \qquad (6)$$

In der Tat, eine etwaige Abhängigkeit dieser Größe vom Ort der Emission sowie von Strahl- und Polarisationsrichtung wäre natürlich körperfest und ergäbe einen Effekt im Raum bei Drehung des Körpers. Da dabei $\mathrm{d}A \cos\vartheta$ (weil raumfest) und $\mathrm{d}W^0_{\mathrm{em}}$ (dem KIRCHHOFFschen Theorem gemäß) konstant bleiben, tritt eine derartige Abhängigkeit ebensowenig wie eine solche von der Natur des Körpers auf.

Während KIRCHHOFF unter „Emissionsvermögen" des schwarzen Körpers $\mathrm{d}W^0_{\mathrm{em}}$ versteht, wollen wir die universelle Funktion $\mathfrak{E}^0$ mit diesem Ausdruck bezeichnen.

Obwohl in der Formulierung den geringsten Raum beanspruchend, ist die eingangs herausgestellte Konzeption des thermodynamischen Gleichgewichts die wichtigste Voraussetzung zum Beweis des Theorems. Dieses Gleichgewicht bleibt, wie KIRCHHOFF bemerkt, erhalten, wenn $\mathrm{d}A_2$ durch einen sphärischen Spiegel ersetzt wird, der das betrachtete Strahlenbündel in sich zurückwirft. Da in beiden Fällen C die gleiche Energie emittiert, kann sich auch die absorbierte Energie nicht ändern. Nun sind in beiden Fällen die absorbierten Strahlen dieselben geblieben mit der Ausnahme, daß anstelle der von $\mathrm{d}A_2$ ausgehenden Strahlung die vom Hohlspiegel kommende getreten ist. Somit müssen die Energien, welche C in beiden Fällen absorbiert, einander gleich sein. Hierbei ist die von $\mathrm{d}A_2$ herrührende unabhängig von C und also auch die andere. Diese ist aber nach Konstruktion des Hohlspiegels gerade die von C in den betrachteten Winkelbereich emittierte Energie.

Jedoch wurde hiermit nur bewiesen, daß die über alle Wellenlängen und Polarisationszustände integrierte, in einen Raumwinkel ausgestrahlte Energie von der Art des emittierenden Körpers unabhängig ist. Darüber hinaus soll aber diese Unabhängigkeit für jedes Farbintervall und jede Polarisation einzeln gelten. In einer revidierten Fassung seiner Arbeit bemerkt KIRCHHOFF später, daß dieses Ergebnis sofort zu erhalten ist, wenn man über die Öffnung dA_1 einen Filter legt, der die Strahlung eines bestimmten Farbintervalls und einer bestimmten Polarisationsrichtung voll hindurchläßt, die übrige voll reflektiert. Denn dann reduziert sich die oben geführte Diskussion auf die den Filter passierende Teilstrahlung. Heute wird die Annahme eines derartigen Filters allenthalben als erlaubte Idealisation betrachtet, während sie KIRCHHOFF als „durch nichts gerechtfertigt" bezeichnet.

Wir verwenden sie aber zunächst weiter, weil sie auch KIRCHHOFFS folgende Argumentation vereinfacht und damit das Wesentliche durchsichtiger macht: Der universellen Funktion $\mathfrak{E}^0(\lambda, T)$ kann eine Bedeutung für jeden beliebigen Wärmestrahler beigelegt werden.

Ist jetzt in dem Gedankenversuch C ein derartiger Strahler, so bleibt natürlich die Folgerung richtig, daß die beiden Energien dW_1 und dW_2 einander gleich sein müssen, die C aus dem von dA_2 herrührenden Bündel bzw. aus der von dem Hohlspiegel reflektierten Strahlung absorbiert (wobei es sich hier wegen des Filters um Strahlung bestimmter Gattung handelt):

$$dW_1 = dW_2. \tag{7}$$

Für die von dA_2 dem Flächenelement dA zugestrahlte Energie kann nach der eingangs getroffenen „nützlichen Bemerkung" dW^0_{em} geschrieben werden. Hierbei berücksichtigt man, daß sie von der als schwarz vorausgesetzten Wand emittiert wird. Das ist der wesentliche Punkt, der zunächst die Behandlung des schwarzen Körpers erforderlich machte. Für den absorbierten Bruchteil von dW^0_{em}

schreiben wir

$$\mathrm{d}W_1 = \mathscr{A}(\lambda, T, \boldsymbol{x}, \mathbf{s})\,\mathrm{d}W^0_{\mathrm{em}}. \tag{8}$$

Das „Absorptionsvermögen“ $\mathscr{A}$ bezieht sich nota bene auf die Strahlung der Richtung $-\mathbf{s}$, die bei $\boldsymbol{x}$ ein Flächenelement von C trifft.

Die von $\mathrm{d}A$ in Richtung von $\mathbf{s}$ emittierte Strahlung werde in Verallgemeinerung von (5) mit

$$\mathrm{d}W_{\mathrm{em}} = \mathfrak{E}(\lambda, T, \boldsymbol{x}, \mathbf{s})\,\mathrm{d}\lambda\,\cos\vartheta\,\mathrm{d}A\,\mathrm{d}\Omega\,\mathrm{d}t \tag{9}$$

bezeichnet. In dieselbe Richtung geht ferner von $\mathrm{d}A$ Strahlung aus, welche *nicht* von C emittiert wurde, also vermöge von Reflexion und Transmission in das betreffende Bündel gelangt ist. Für die Energie dieser Strahlung setzen wir

$$\mathrm{d}W_{r,t} = \mathfrak{E}^0(\mathrm{d}\lambda, T, \boldsymbol{x}, \mathbf{s})\,\mathrm{d}\lambda\,\cos\vartheta\,\mathrm{d}A\,\mathrm{d}\Omega\,\mathrm{d}t, \tag{10}$$

wobei sich der Faktor $\mathfrak{E}^0$ deshalb empfiehlt, weil diese Strahlung einmal von der schwarzen Wand emittiert sein muß. $\mathrm{d}W_{\mathrm{em}}$ und $\mathrm{d}W_{r,t}$ werden durch den Hohlspiegel voll auf $\mathrm{d}A$ zurückgeworfen und mit dem Bruchteil $\mathscr{A}$ absorbiert. Somit gilt

$$\mathrm{d}W_2 = \mathscr{A}(\mathrm{d}W_{\mathrm{em}} + \mathrm{d}W_{r,t}). \tag{11}$$

Setzen wir alles in (8) ein, so folgt

$$\mathscr{A}\mathfrak{E}^0 = \mathscr{A}(\mathfrak{E} + \mathfrak{E}^0\mathscr{M}). \tag{12}$$

Es ist also

$$\frac{\mathfrak{E}(\lambda, T, \boldsymbol{x}, \mathbf{s})}{1 - \mathscr{M}(\lambda, T, \boldsymbol{x}, \mathbf{s})} = \mathfrak{E}^0(\lambda, T) \tag{13}$$

eine für alle Wärmestrahler gleiche nur von λ und T abhängige Funktion.

Wir unterbrechen den Gedankengang an dieser Stelle und besprechen die Modifikation, die er bei KIRCHHOFF § 11 erfährt. Hier (s. Abb. 3) übernimmt eine in den Strahlengang gestellte Platte P die Rolle des Polarisationsfilters. Denn sie möge gerade so gelagert sein, daß die

Strahlen des von dA ausgehenden Bündels nach Reflexion an P linear in der gewünschten Richtung polarisiert sind.

Das Spiegelbild dA_3, das P von dA_2 erzeugt, liege auf der Wand des Hohlraumes, desgleichen dA', das Spiegelbild von dA, wie wir zusätzlich annehmen wollen. Wird ein

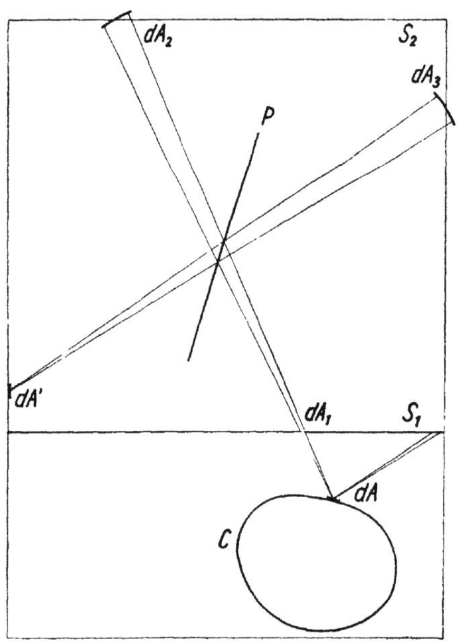

Abb. 3

direkter Strahlengang unterbunden, so verhalten sich die von dA_3 nach dA führenden Strahlen so, als kämen sie von dA_2. Ihre Energie erfährt aber infolge der Reflexion an P eine Schwächung um den Faktor $\mathscr{R}$. Somit tritt an die Stelle von (8)

$$\mathrm{d}W_1 = \mathscr{A}\mathscr{R}\,\mathrm{d}W^0_{\mathrm{em}}. \tag{8a}$$

Eine zu (11) analoge Beziehung betrifft jetzt Strahlen, die von dA ausgehend auf den nunmehr am Ort von dA_3 angebrachten Hohlspiegel treffen und in sich reflektiert werden. Auf diesem Gang erfahren sie eine zweifache Reflexion an P, so daß (11) durch

$$\mathrm{d}W_2 = \mathscr{A}\mathscr{R}^2(\mathrm{d}W_{\mathrm{em}} + \mathrm{d}W_{r,t}) \tag{11a}$$

zu ersetzen ist. Schließlich darf nicht übersehen werden, daß von dem Hohlspiegel auch Strahlen nach $\mathrm{d}A$ gelangen, welche von $\mathrm{d}A'$ ausgehen.

Da die beiden Kegel der Abbildung spiegelbildlich kongruent sind, gehört zu den letztgenannten Strahlen anfänglich die Energie $\mathrm{d}W^0_{\mathrm{em}}$. Sie wird, wenn die Platte nicht absorbieren möge, beim Durchgang durch P um den Faktor $(1 - \mathscr{R})$, bei der Reflexion um $\mathscr{R}$ geschwächt und mit dem Bruchteil $\mathscr{A}$ absorbiert. Die zusätzlich in Rechnung zu stellende, von C absorbierte Energie ist also:

$$\mathrm{d}W_3 = \mathscr{A}\mathscr{R}(1 - \mathscr{R})\,\mathrm{d}W^0_{\mathrm{em}}.$$

Ein Farbfilter ist nicht vorhanden, so daß jetzt wieder die über λ integrierte Energie zu bilanzieren ist. An die Stelle von (7) tritt somit

$$\int_\lambda \mathrm{d}W_1 = \int_\lambda \mathrm{d}W_2 + \int_\lambda \mathrm{d}W_3,$$

oder, wenn wir alles einsetzen,

$$\int \mathscr{A}\mathscr{R}\mathfrak{E}^0\,\mathrm{d}\lambda = \int \mathscr{A}\mathscr{R}^2(\mathfrak{E} + \mathfrak{E}^0\mathscr{M})\,\mathrm{d}\lambda + \int \mathscr{A}\mathscr{R}\,(1 - \mathscr{R})\,\mathfrak{E}^0\,\mathrm{d}\lambda, \tag{12a}$$

d. h.

$$\int \mathscr{A}\mathscr{R}^2\,[\mathfrak{E} - \mathfrak{E}^0(1 - \mathscr{M})]\,\mathrm{d}\lambda = 0. \tag{14}$$

An dieser Stelle erkennt man die Schwierigkeit, die aus dem Verzicht auf den Farbfilter erwächst. Es muß jetzt nämlich aus dem Verschwinden des Integrals auf das des Integranden geschlossen werden. Dieser Schluß gelingt KIRCHHOFF durch die Annahme der speziellen

Gestalt

$$\mathcal{R} = \varrho \sin^2 (p/\lambda) \tag{15}$$

für den Reflexionskoeffizienten der Platte und eine außerordentlich kunstvolle mathematische Umformung, wie sie in § 3 für ein Integral desselben Typs geführt wird. Diese Rechnung braucht nicht kommentiert zu werden. Desgleichen verzichten wir auf einen Kommentar der physikalischen Argumentation von § 3, da sie sich unschwer als vereinfachte Modifikation des hier ausgeführten Gedankenganges erweist.

Die Formel (15) läßt sich unter der Voraussetzung begründen, daß der Brechungsindex der Platte „unendlich wenig von der Einheit verschieden ist“. Das bedeutet aber, daß $\mathcal{R}$ praktisch verschwindet, also so gut wie keine Reflexion stattfindet. Somit dürfte dem KIRCHHOFFschen Gedankenexperiment eine Idealisation zugrunde liegen, die nicht weniger weit geht als die eines idealen Farbfilters.

Das Ergebnis des Gedankenexperiments, das natürlich wieder (13) ist, wird sich aber als nahezu trivial erweisen, wenn man von der im letzten Paragraphen der Originalarbeit getroffenen Feststellung Gebrauch macht. Es handelt sich nämlich nicht um eine „Folgerung aus dem bewiesenen Satz“, sondern aus der Definition des schwarzen Körpers, die wir hier wie folgt formulieren wollen: Die Strahlung in einem strahlungsundurchlässigen Hohlraum beliebiger Bewandung ist die von einem schwarzen Körper emittierte.

Die Chance nämlich, daß ein durch eine sehr kleine Öffnung dA in das Innere des Hohlraumes gedrungener Strahl mit meßbarer Intensität aus dA wieder hinausreflektiert wird, ist verschwindend klein. Da er die Wand voraussetzungsgemäß nicht passieren kann, wird er also vollständig absorbiert. Dringt durch dA Strahlung nach außen (wobei die Störung des Gleichgewichtszustandes zu vernachlässigen ist), so verhält sie sich infolgedessen wie die von einem schwarzen Körper emittierte.

Die gesamte durch dA von Strahlen gegebener Wellenlänge transportierte Energie ist deshalb $\pi\mathfrak{E}^0\, \mathrm{d}\lambda\, \mathrm{d}A\, \mathrm{d}t$.[1]) Sie muß vorher durch eine Fläche A geströmt sein, welche das Loch zum Rand hat (s. Abb. 4). Bei sinngemäßer Anwendung von (4) folgt daraus

$$\pi\mathfrak{E}^0 = \int_A \mathfrak{K} \cos\vartheta\, \mathrm{d}\Omega = \int_A \mathfrak{K}^* \cos\vartheta\, \mathrm{d}\Omega .$$

Hierbei ist $\mathfrak{K}$ bzw. $\mathfrak{K}^*$ der Wert der Strahlungsintensität auf der raumfesten Fläche A bei zwei verschiedenen

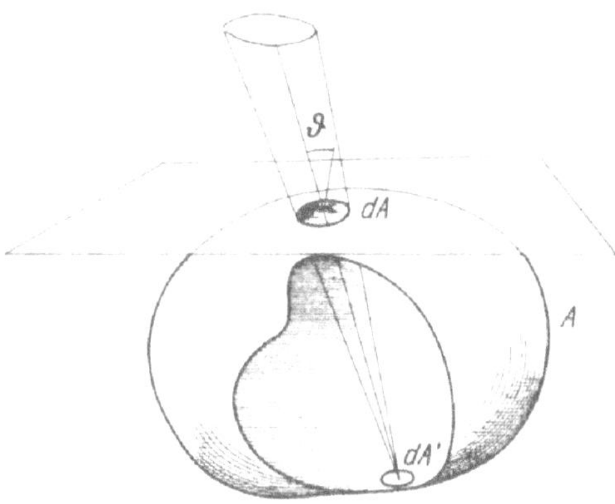

Abb. 4

Lagen des Hohlraumes (und des Loches). Da A beliebig deformiert werden kann, schließen wir aber auf die Konstanz von $\mathfrak{K}$, und weil das verbleibende Integral gleich π ist, gilt

$$\mathfrak{K}(\lambda, T) = \mathfrak{E}^0(\lambda, T), \tag{16}$$

d. h., die Strahlungsintensität ist überall im Hohlraum gleich dem Emissionsvermögen des schwarzen Körpers.

---

[1]) Man hat (5) über die Strahlrichtungen folgendermaßen zu integrieren:

$$\int \cos\vartheta\, \mathrm{d}\Omega = \int_0^{2\pi} \mathrm{d}\varphi \int_0^{\pi/2} \cos\vartheta \sin\vartheta\, \mathrm{d}\vartheta = \pi .$$

Diese Identifizierung der Hohlraumstrahlung mit der des schwarzen Körpers ist mit das wichtigste Ergebnis der Kirchhoffschen Abhandlung. Es weist den Weg, die zunächst als idealisiertes Objekt definierte schwarze Strahlung experimentell zu realiseren: Man nehme einfach die aus einem kleinen Loch des Hohlraumes entweichende Strahlung. Ferner läßt sich jetzt (13) in der Form $\mathfrak{E} + \mathfrak{E}^0\mathcal{M} = \mathfrak{E}^0$ sofort begründen. Unmittelbar an der Oberfläche eines im Hohlraum befindlichen Körpers setzt sich im thermodynamischen Gleichgewicht nämlich die Intensität der Abstrahlung ($\mathfrak{E}^0$) aus der Intensität der in die Richtung $\mathbf{s}$ emittierten ($\mathfrak{E}$) und der in dieselbe Richtung reflektierten und transmittierten Strahlung ($\mathfrak{E}^0\mathcal{M}$) zusammen.[1])

Was Kirchhoff zu beweisen wünscht, ist aber nicht (13), sondern

$$\mathfrak{E} = \mathcal{A}\mathfrak{E}^0, \tag{17}$$

d. h., „das Verhältnis zwischen Emissionsvermögen und Absorptionsvermögen ist für alle Körper bei derselben Temperatur dasselbe". Es muß also

$$\mathcal{A} = 1 - \mathcal{M} \tag{18}$$

gezeigt werden. Während sich $\mathcal{M}$ auf Strahlung bezieht, die in Richtung $\mathbf{s}$ vom Körper forteilt, war $\mathcal{A}$ der Bruchteil, der von Strahlung absorbiert wird, die aus entgegengesetzter Richtung $-\mathbf{s}$ kommend den Körper trifft. Ist $\mathcal{M}'$ der Bruchteil, der von *dieser* Strahlung reflektiert und transmittiert wird, so gilt trivialerweise $\mathcal{A} = 1 - \mathcal{M}'$. Dagegen ist (18) keineswegs trivial. Dementsprechend beansprucht die Klärung dieses Punktes in der Kirchhoffschen Abhandlung breiten Raum (§§ 8, 9, 10).

Bezeichnenderweise umgeht die gegenwärtige Lehrbuchliteratur diese Schwierigkeit, sei es, indem sie stillschweigend (18) als Definition von $\mathcal{A}$ einführt, sei es durch Beschränkung auf sehr spezielle Fälle, sei es durch

[1]) Es handelt sich offenbar um inkohärente Strahlung.

fehlerhafte Argumentation. Die klassische Literatur dagegen (KIRCHHOFF, HELMHOLTZ, PRINGSHEIM, PLANCK) nimmt es mit dieser Schwierigkeit auf und argumentiert im Prinzip folgendermaßen (s. Abb. 5): Ein vom Flächenelement dA_1 der Wand ausgehender Strahl wird durch

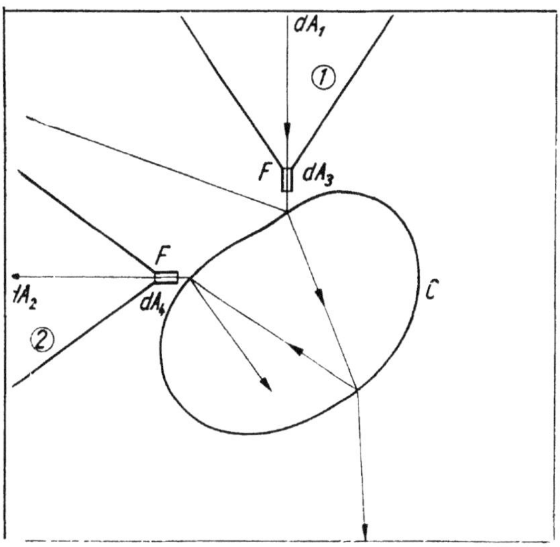

Abb. 5

mannigfache Reflexion und Brechung am Körper C in verschiedene Teilstrahlen aufgespalten, die schließlich an der schwarzen Wand wieder absorbiert werden, einer z. B. bei dA_2. Seine nach irgendeiner Ebene a linear polarisierte Komponente übertrage dabei die Energie δW. Wegen der Umkehrbarkeit des Strahlenganges gelangt der bei dA_2 in entgegengesetzter Richtung emittierte Strahl wieder nach dA_1. Wird nun vorausgesetzt, daß seine nach a linear polarisierte Komponente wiederum die Energie δW hat, so ist $\mathcal{M} = \mathcal{M}'$ und damit (17) erwiesen.

Was jene Voraussetzung betrifft, berufen sich alle Autoren auf ein Reziprozitätstheorem von HELMHOLTZ, das auch KIRCHHOFF zitiert. Mit diesem Theorem hat es die merkwürdige Bewandnis, daß es nirgends in der notwendigen Allgemeinheit bewiesen wird. Für unsere Zwecke wollen wir es uns wie folgt plausibel machen. Wir teilen durch schwarze Wände aus dem Hohlraum zwei Teilräume (1) und (2) ab. Sie seien mit Blenden $\mathrm{d}A_3$ und $\mathrm{d}A_4$ so versehen, daß der Energieaustausch zwischen (1) und (2) nur durch schmale Strahlenbündel erfolgen kann, die zwischen $\mathrm{d}A_1$ und $\mathrm{d}A_2$ verlaufen. Durch Filter F über den Blenden soll erreicht werden, daß nur nahezu monochromatische Strahlung an dem Austausch beteiligt ist. Ferner mögen die Filter jeweils für nur eine — nicht notwendigerweise auf beiden Seiten dieselbe — linear polarisierte Komponente durchlässig sein.

Es werde angenommen, die so definierten Strahlen transportieren in Richtung auf den Körper die Energie $\mathrm{d}W$ sowohl durch $\mathrm{d}A_3$ als auch durch $\mathrm{d}A_4$, in Richtung auf die Wand aber jeweils den Bruchteil $\delta W = \gamma \mathrm{d}W$ bzw. $\gamma' \mathrm{d}W$. Da sich die beiden Teilräume (1) und (2) genau diese Energien einander zustrahlen, verlangt dann die Aufrechterhaltung des thermodynamischen Gleichgewichts

$$\gamma' = \gamma. \tag{19}$$

Dieses Ergebnis bezieht sich auf jeweils eine linear polarisierte Komponente des von der Wand ausgehenden Strahles. Der Leser kann es aber leicht mit Hilfe der Argumentation Kirchhoffs (§§ 9,10) vervollständigen. Es bleibt die obige Annahme gleicher Energieströmung $\mathrm{d}W$ zu rechtfertigen.

Dazu soll vorausgesetzt werden, daß der Abstand zwischen $\mathrm{d}A_1$ und $\mathrm{d}A_3$ sowie zwischen $\mathrm{d}A_2$ und $\mathrm{d}A_4$ gleich 1 ist und daß diese Flächenelemente alle senkrecht zur Strahlrichtung liegen, was die Allgemeinheit nicht einschränkt. Mit $\mathrm{d}A_i = \mathrm{d}x_i\, \mathrm{d}y_i$ $(i = 1, 2, 3, 4)$ beträgt dann die in Frage stehende, auf den Körper zuströmende Energie (nach den eingangs gemachten Ausführungen)

$$\begin{aligned} \mathrm{d}W_1 &= \mathfrak{E}^0\, \mathrm{d}x_1\, \mathrm{d}y_1\, \mathrm{d}x_3\, \mathrm{d}y_3, \\ \mathrm{d}W_2 &= \mathfrak{E}^0\, \mathrm{d}x_2\, \mathrm{d}y_2\, \mathrm{d}x_4\, \mathrm{d}y_4. \end{aligned} \tag{20}$$

Für die auf die Wand treffenden Strahlen ist aber die kleinste Blende in unserer Konstruktion maßgebend. Ist diese zunächst dA_3, so können wir dA_4 auf den Bereich begrenzen, den das ankommende schmale Strahlenbündel dort ausschneidet. Dann aber erweisen sich die beiden Ausdrücke (20) als einander gleich, wie es sein soll. Um das einzusehen, kann man sich der Ausführungen KIRCHHOFFS im § 8 bedienen.

Nach den Prinzipien der geometrischen Optik ist ein Strahl durch zwei Punkte festgelegt. Verläuft er also (s. Abb. 6) über die Punkte (x_1, y_1), (x_3, y_3), (x_4, y_4), (x_2, y_2),

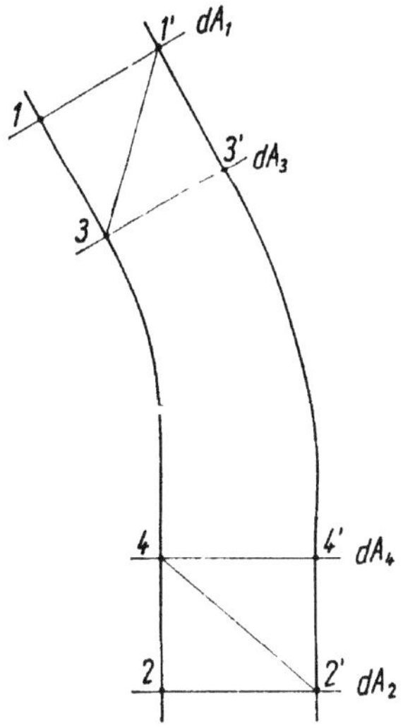

Abb. 6

bzw. (x_1', y_1') bis $(x_2' \; y_2')$, so sind von den 8 Koordinaten nur 4 unabhängig, die anderen Funktionen der ersten. Sie können nach dem FERMATschen Prinzip der kürzesten Ankunft behandelt werden. In leicht verständlicher Bezeichnungsweise ist die Zeit für den wirklich durchlaufenen Lichtweg 1 → 2

$$\mathcal{T}_{12} = \mathcal{T}_{13} + \mathcal{T}_{34} + \mathcal{T}_{42}.$$

Entsprechendes gilt für den wirklichen Lichtweg $1' \to 2'$. Dagegen ist nach dem FERMATschen Prinzip

$$\mathcal{T}_{1'2'} < \mathcal{T}_{1'3} + \mathcal{T}_{34} + \mathcal{T}_{42'}$$

und folglich

$$\mathcal{T}_{1'2'} - \mathcal{T}_{1'3} - \mathcal{T}_{42'} < \mathcal{T}_{12} - \mathcal{T}_{13} - \mathcal{T}_{42}. \tag{21}$$

Nun ist der rechts stehende Ausdruck gerade der, den KIRCHHOFF zur Bestimmung von x_1, y_1, x_2, y_2 bei gegebenen x_3, y_3, x_4, y_4 benutzt. Es sind $\mathcal{T}_{12}$ mit $\mathcal{T} = \mathcal{T}(x_1, y_1, x_2, y_2)$ und $\mathcal{T}_{13}, \mathcal{T}_{42}$ mit den Quadratwurzeln in der Originalarbeit zu identifizieren. Der Ausdruck (21) ist ersichtlich für den wirklichen Lichtweg ein Maximum gegenüber den Vergleichwegen und nicht, wie KIRCHHOFF schreibt, ein Minimum. Auf diesen Irrtum hat schon 1864 CLAUSIUS[1]) aufmerksam gemacht. Es kommt jedoch nur darauf an, daß an der Stelle eines Extremums die ersten Ableitungen verschwinden müssen, was (unter den von KIRCHHOFF getroffenen Voraussetzungen) zu

$$x_3 = x_1 - \partial\mathcal{T}/\partial x_1 \qquad \text{usw.} \tag{22}$$

führt.

Nach einer elementaren Regel transformiert sich das Flächenelement gemäß

$$\mathrm{d}x_3\,\mathrm{d}y_3 = \left(\frac{\partial x_3}{\partial x_2}\frac{\partial y_3}{\partial y_2} - \frac{\partial x_3}{\partial y_2}\frac{\partial y_3}{\partial x_2}\right)\mathrm{d}x_2\,\mathrm{d}y_2.$$

Mit (22) und den analogen Formeln ergibt sich daraus

$$\mathrm{d}x_1\,\mathrm{d}y_1\,\mathrm{d}x_3\,\mathrm{d}y_3$$
$$= \left(\frac{\partial^2\mathcal{T}}{\partial x_1\partial x_2}\frac{\partial^2\mathcal{T}}{\partial y_1\partial y_2} - \frac{\partial^2\mathcal{T}}{\partial x_1\partial y_2}\frac{\partial^2\mathcal{T}}{\partial x_2\partial y_1}\right)\mathrm{d}x_1\mathrm{d}y_1\,\mathrm{d}x_2\mathrm{d}y_2.$$

Derselbe Ausdruck entsteht durch analogen Schluß für $\mathrm{d}x_2\,\mathrm{d}y_2\,\mathrm{d}x_4\,\mathrm{d}y_4$, womit (s. (20)) $\mathrm{d}W_1 = \mathrm{d}W_2 = \mathrm{d}W$ erwiesen ist.

---

[1]) Ann. Physik **121** (1864) 13.

KIRCHHOFF benutzt diese Überlegungen nicht wie wir, um das HELMHOLTZsche Reziprozitätstheorem plausibel zu machen, das in der Gleichheit (19) für die Dämpfung in beiden Ausbreitungsrichtungen zum Ausdruck kommt. Wenn man das wie KIRCHHOFF voraussetzt, kann die Gleichheit der in beiden Richtungen transmittierten Strahlung entweder durch unser Gedankenexperiment oder aber, wie es KIRCHHOFF tut, mit Hilfe der soeben diskutierten geometrisch-optischen Überlegung gezeigt werden. Bei unseren schwächeren Voraussetzungen benötigten wir beide Gedankengänge. Für KIRCHHOFFS Unterscheidung zwischen Elementen, die von verschiedener Ordnung „unendlich klein" sind, sehen wir aber keinen Anlaß.

KAPITEL 2

Ludwig Boltzmann und das T^4-Gesetz

Wie KIRCHHOFF bemerkt, stellt die von ihm erschlossene Existenz der universellen Funktion $\mathfrak{E}^0(\lambda, T) = \mathfrak{K}(\lambda, T)$ der Physik die „Aufgabe von hoher Wichtigkeit, diese Funktion zu finden". Der erste Schritt in dieser Richtung bestand in der Bestimmung der pro Flächeneinheit ausgestrahlten Leistung[1])

$$H(T) = \int \mathfrak{K} \mathrm{d}\lambda \int \cos\vartheta \, \mathrm{d}\Omega = \pi \int \mathfrak{K} \mathrm{d}\lambda .$$

In seiner Arbeit „Über die Beziehung zwischen der Wärmestrahlung und der Temperatur"[2]) analysiert JOSEPH STEFAN 1879 sehr sorgfältig Meßreihen von DULONG und PETIT sowie von DE LA PROVOSTAYE und DESAINS. Er findet sie in befriedigender Übereinstimmung mit der Annahme

$$H(T) = \alpha T^4 .$$

[1]) Vgl. dazu Fußnote auf S. 23.

[2]) Sitzungsber. Akad. Wiss. Wien, Abt. II, **79** (1879) 391.

Der erste Anlaß für diese Annahme waren Versuche von TYNDALL über die Strahlung eines glühenden Platindrahtes. Dabei nahm von der schwachen Rotglut (etwa 525 °C) bis zur vollen Weißglut (ca. 1200 °C) die Intensität der Strahlung um das 11,7-fache zu. Das Verhältnis der absoluten Temperaturen beträgt in der vierten Potenz 11,6.

Die Experimente der oben erwähnten Autoren bezogen sich auf wesentlich niedrigere Temperaturen (20° bis 240 °C). Es wurde ein Thermometer der Temperatur T_1 in einen evakuierten Ballon der Temperatur $T_2 < T_1$ gebracht. Gemessen wurde die Abkühlgeschwindigkeit $v_1 = \mathrm{d}T/\mathrm{d}t$. STEFAN schreibt nun

$$Cv_1 = A\big(H(T_1) - H(T_2)\big) + D.$$

Dabei ist C die Wärmekapazität, A die Oberfläche des Thermometers, $H(T_1)$ die ausgestrahlte, $H(T_2)$ die absorbierte Leistung, während D den Wärmetransport durch die im Ballon verbliebene Luft berücksichtigt. Die Messungen wurden mit unpräparierter, geschwärzter, versilberter und vergoldeter Thermometeroberfläche durchgeführt. Beziehen sich ungestrichene und gestrichene Größen auf jeweils einen dieser Fälle, so sollte bei Gültigkeit des T^4-Gesetzes

$$\frac{v_1 - v_1'}{T_1^4 - T_1'^4} = \frac{A}{C}(\alpha - \alpha') = \text{const}$$

sein. Eben das findet STEFAN mit den gemessenen Werten von v_1, v_1' hinreichend bestätigt.

Die Messungen, die STEFAN noch unter anderen Gesichtspunkten analysiert, beziehen sich ersichtlich nicht auf schwarze Strahlung. Jedoch nur für diese kann das T^4-Gesetz exakte Gültigkeit beanspruchen. Das aber zeigte 1884 LUDWIG BOLTZMANN in seiner von uns nachgedruckten Arbeit „Ableitung des STEFANschen Gesetzes betreffend die Abhängigkeit der Wärmestrahlung von der Temperatur aus der elektromagnetischen Lichttheorie“.

Für die Theorie ist es zweckmäßiger, an Stelle der auf

den Energiestrom bezogenen Größe $\mathfrak{K}$ den von einem Intervall $(\lambda, \lambda + \mathrm{d}\lambda)$ gelieferten Beitrag zur Energiedichte der Strahlung zu betrachten. Er wird $\mathfrak{u}\,\mathrm{d}\lambda$ genannt. Wir wollen den Zusammenhang zwischen $\mathfrak{K}$ und $\mathfrak{u}$ für den allgemeinen Fall herleiten, in dem $\mathfrak{K}$ die keineswegs universelle spezifische Intensität eines beliebigen Strahlungsfeldes gemäß (1,1) bedeutet.

Zu diesem Zweck betrachten wir zunächst Strahlung der Ausbreitungsrichtung $\mathbf{s}$. Senkrecht zu $\mathbf{s}$ nehmen wir ein Flächenelement $\mathrm{d}A_2$ an und errichten darüber einen kleinen Zylinder der Seitenlänge $\mathrm{d}l$. In seinem Volumen $\mathrm{d}V = \mathrm{d}A_2\,\mathrm{d}l$ ist dann so viel von dieser Strahlengattung herrührende Energie $\mathrm{d}W$ vorhanden, wie in der Zeit $\mathrm{d}t = \mathrm{d}l/c$ durch $\mathrm{d}A_2$ strömt, da der Energietransport mit Lichtgeschwindigkeit erfolgt. Diese Energie wird $\mathrm{d}A_2$ von einem Flächenelement $\mathrm{d}A_1$ im Abstand r von $\mathrm{d}V$ zugestrahlt und beträgt somit nach (1,3)[1])

$$\mathrm{d}W = \mathfrak{K}\,\mathrm{d}\lambda\,\frac{\mathrm{d}A_1\,\mathrm{d}A_2}{r^2}\,\mathrm{d}t = \mathfrak{K}\,\mathrm{d}\lambda\,\frac{\mathrm{d}\Omega_2\,\mathrm{d}V}{c},$$

wobei $\mathrm{d}\Omega_2 = \mathrm{d}A_1/r^2$ der räumliche Winkel ist, unter dem $\mathrm{d}A_1$ von $\mathrm{d}V$ aus erscheint. Nach Division durch $\mathrm{d}V$ und Integration über $\mathrm{d}\Omega_2$ erhalten wir die gesamte, zu Strahlen des Intervalls $(\lambda, \lambda + \mathrm{d}\lambda)$, aber jeglicher Richtung gehörende Energiedichte

$$\mathfrak{u}\,\mathrm{d}\lambda = \frac{\mathrm{d}\lambda}{c}\int \mathfrak{K}\,\mathrm{d}\Omega_2. \tag{1}$$

Für unsere schwarze Hohlraumstrahlung, die isotrop ist, gilt

$$\mathfrak{u} = 4\pi\,\mathfrak{K}/c. \tag{2}$$

Die Energiedichte der Gesamtstrahlung beträgt selbstverständlich

$$u = \int \mathfrak{u}\,\mathrm{d}\lambda. \tag{3}$$

---

[1]) Es sei außer $\cos\vartheta_2 = 1$ auch $\cos\vartheta_1 = 1$.

Diese Größe bestimmt LUDWIG BOLTZMANN 1884 zu

$$u = \sigma T^4 , \qquad \sigma = \text{const}. \tag{4}$$

Das Fundament der BOLTZMANNschen Argumentation ist die Tatsache, daß der Strahlung nicht nur Energie, sondern auch ein Druck p zugeschrieben werden muß. Das war auch für die damalige Zeit an sich keine Novität. Schon KEPLER hatte zu Recht erklärt, im Kometenschweif werden kleine Teilchen von der Sonnenstrahlung fortgedrückt. Vor allem aber implizierte die quasielastische Lichttheorie quasimechanische Ätherspannungen (und damit auch Drucke). Die MAXWELLsche Theorie ergab im hier interessierenden isotropen Fall den Zusammenhang

$$p = u/3 \tag{5}$$

zwischen Druck und Energiedichte der Strahlung. Außer (5) benötigt BOLTZMANN die Differentialform

$$u = T\,\frac{\mathrm{d}p}{\mathrm{d}T} - p = T^2\,\frac{\mathrm{d}}{\mathrm{d}T}\left(\frac{p}{T}\right), \tag{6}$$

auf die wir sogleich zu sprechen kommen. Kombination von (5) und (6) liefert $\mathrm{d}u/u = 4\mathrm{d}T/T$, woraus durch Integration das STEFAN-BOLTZMANNsche Gesetz (4) sofort folgt. Wie BOLTZMANN hervorhebt, kann man umgekehrt die Formel (5) für den MAXWELLschen Strahlungsdruck ausgehend vom T^4-Gesetz (4) beweisen. Mit diesem lautet nämlich die zweite Gleichung (6) $\sigma T^2 = \mathrm{d}(p/T)/\mathrm{d}T$ und integriert: $\sigma T^4/3 = u/3 = p$. So wurde BOLTZMANNS Überlegung auch als Rechtfertigung der MAXWELLschen Lichttheorie empfunden.

Man hielt es indessen nicht für überflüssig, die Existenz des Strahlungsdruckes auch rein thermodynamisch zu begründen. Dem diente ein Gedankenexperiment von BARTOLI, einem sonst unbekannten Autor. BOLTZMANN hatte es in einer kurz zuvor erfolgten Veröffentlichung präzisiert und mit seiner Hilfe die Differentialform (6) hergeleitet. Heute gewinnen wir sie sehr einfach mittels des Entropiedifferentials

$$\mathrm{d}S = \frac{\mathrm{d}W + p\,\mathrm{d}V}{T} = \frac{1}{T}\frac{\partial W}{\partial T}\mathrm{d}T + \frac{1}{T}\left(\frac{\partial W}{\partial V} + p\right)\mathrm{d}V.$$

Man hat lediglich zu bemerken, daß die rechts bei den Differentialen stehenden Faktoren gleich $\partial S/\partial T$ bzw. $\partial S/\partial V$ sind, und von $\partial(\partial S/\partial T)\,\partial V = \partial(\partial S/\partial V)/\partial T$ sowie von $W = uV$ Gebrauch zu machen. Für eine derartige Überlegung war in den achtziger Jahren der Entropiebegriff wahrscheinlich noch zu wenig eingebürgert. Schon gar nicht wäre man bereit gewesen, der Strahlung Entropie zuzuschreiben. Ja, sogar die Temperatur wurde auf die materielle Bewandung der Strahlung, nicht auf diese selbst bezogen. Andernfalls hätte man von der Temperatur des imponderablen Äthers sprechen müssen.

Wir werden aber ungezwungen von der Temperatur der Hohlraumstrahlung reden, wenn wir im folgenden das von BOLTZMANN nur kurz skizzierte Gedankenexperiment als ein Paradigma für einen damals hochkultivierten physikalischen Denkstil ausführlicher besprechen.

Ein Zylinder Z enthalte Hohlraumstrahlung der Temperatur T. Ferner befinde sich am Boden von Z ein reibungsfrei beweglicher und ideal spiegelnder Stempel S (Abb. 7a). Nunmehr werden die obere Deckfläche von Z mit einem sehr großen Wärmereservoir R der Temperatur T, der Stempel unten mit einem ebensolchen Reservoir R_0 der Temperatur T_0 verbunden. Es sei $T_0 > T$. Sodann werde S um die Strecke a unendlich langsam nach oben bewegt (s. Abb. 7b). Auf diese Weise wird die Hohlraumstrahlung im oberen Teil der Anordnung isotherm komprimiert, während unten Hohlraumstrahlung der Temperatur T_0 entsteht. Damit die Bewegung quasistatisch erfolgt, muß der Stempel ein Gewicht G tragen, das (bis auf eine differentielle Störung) gemäß

$$p(T_0) = p(T) + G/A$$

bemessen ist. [1]) Während dieses Prozesses wächst die Ener-

[1]) A ist die Grundflache des Zylinders.

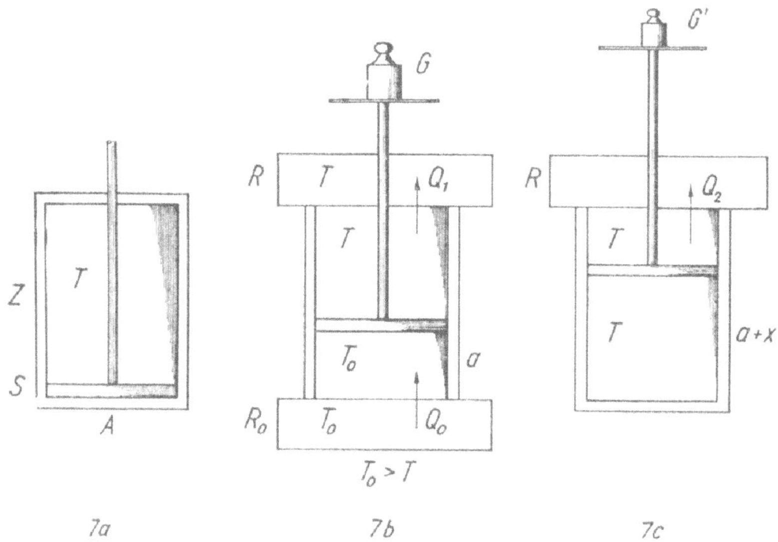

Abb. 7

gie der Hohlraumstrahlung unten von Null bis $Aau(T_0)$. Außerdem leistet sie die Arbeit

$$\int_0^{aA} p \, \mathrm{d}V = Aap(T_0).$$

Nach dem ersten Hauptsatz muß daher dem Reservoir R_0 die Wärmemenge

$$Q_0 = Aa\big(u(T_0) + p(T_0)\big) \tag{7}$$

entzogen worden sein. Entsprechend wird R die Wärmemenge

$$Q_1 = Aa\big(u(T) + p(T)\big)$$

hinzugefügt, weil oben die Hohlraumstrahlung die Energie $Aau(T)$ verliert und *an ihr* die Arbeit $Aap(T)$ geleistet wird. Im dritten Schritt wird der untere Boden wieder verschlossen und das untere Teilvolumen um die Strecke x adiabatisch weiter expandiert, bis die Temperatur T erreicht ist. Das obere Teilvolumen wird gleichzeitig um dieselbe Strecke isotherm komprimiert (Abb. 7c). Bei diesem Prozeß ist G kontinuierlich zu verringern, damit auf beiden Seiten von S (bis auf eine differentielle Störung) stets dieselbe Kraft wirkt. R empfängt offenbar die Wärmemenge

$$Q_2 = Ax\big(u(T) + p(T)\big).$$

Insgesamt wurde dem wärmeren Reservoir R_0 die Wärmemenge Q_0 entzogen, dem kühleren R

$$Q = Q_1 + Q_2 = A(a + x)\big(u(T) + p(T)\big) \tag{8}$$

hinzugefügt und die positive Arbeit

$$Q_0 - Q = \int_0^{a+x} G(z)\,\mathrm{d}z$$

geleistet. Die Vorrichtung arbeitet also als Wärmekraftmaschine und zwar als reversible. Denn ersichtlich können die einzelnen Schritte in umgekehrter Folge und Richtung gerade ausgeführt werden, so daß unter Aufwand der gewonnenen Arbeit die Wärmemenge Q dem Reservoir R entzogen und Q_0 nach R_0 gepumpt wird.

Wäre nun kein Strahlungsdruck vorhanden, so würde auch $G \equiv 0$ sein, und man könnte auf diese Weise, ohne Änderungen in der Umgebung zu bewirken, eine Wärmemenge aus einem kühleren in ein wärmeres Reservoir pumpen. Da das dem zweiten Hauptsatz in der Formulierung von CLAUSIUS widerspricht, schloß BARTOLI auf die Existenz des Strahlungsdruckes.

Dann aber stellt der Gedankenversuch, wie wir zeigten, einen CARNOTschen Prozeß dar, und es muß demgemäß

$$Q/T = Q_0/T_0 \tag{9}$$

gelten. Wir betrachten nun a und T_0 als konstante, T und $x = x(T)$ als variable Größen. Dann folgt aus (9) mit (7)

$$0 = \mathrm{d}\left(\frac{Q}{T}\right) = \frac{\mathrm{d}Q}{T} - \frac{Q}{T^2}\,\mathrm{d}T. \tag{10}$$

Lassen wir andererseits die Strahlung bei der Temperatur T um das Volumenelement $\mathrm{d}V = \mathrm{d}\,[A(a+x)]$ adiabatisch expandieren, so wird die Arbeit $p\,\mathrm{d}V$ allein durch die Energieänderung $\mathrm{d}(Vu)$ kompensiert. Somit haben wir

$$\begin{aligned} 0 &= \mathrm{d}[A(a+x)\,u\,(T)] + p(T)\,\mathrm{d}[A(a+x)] \\ &= \mathrm{d}Q - A(a+x)\,\mathrm{d}p, \end{aligned} \tag{11}$$

wobei in der zweiten Zeile die Gleichung (8) verwendet wurde. Substitution von (11) und (8) und (10) führt dann ohne Schwierigkeiten zu der von BOLTZMANN abgeleiteten Differentialform (6).

KAPITEL 3

Willy Wien und das Verschiebungsgesetz

Im Sitzungsprotokoll der physikalisch-mathematischen Klasse der Königlich Preußischen Akademie der Wissenschaften zu Berlin vom 9. Februar 1893 lesen wir unter Punkt 5:

„Hr. v. HELMHOLTZ legte die gleichfalls hier folgende Untersuchung des Assistenten an der physikalisch-technischen Reichsanstalt Hrn. Dr. W. WIEN vor: *Eine neue Beziehung der Strahlung schwarzer Körper zum zweiten Hauptsatz der Wärmetheorie.*"

WIEN bezeichnet seine (im Textteil nachgedruckte) Arbeit als Vervollständigung der BOLTZMANNschen Schlüsse, und zwar im Hinblick auf die spektrale Energieverteilung $\mathfrak{u}(\lambda, T)$. Somit ist die Abhandlung unmittelbar der von KIRCHHOFF gestellten „Aufgabe von hoher Wichtigkeit" gewidmet, jene universelle, von zwei Variablen abhängige Funktion $\mathfrak{u}(\lambda, T)$ aufzufinden. Diese Aufgabe kann nun der damals 30jährige WILLY WIEN soweit reduzieren, daß nur noch eine Funktion zu bestimmen übrigbleibt, die lediglich von einer Variablen abhängt.

Darin besteht die überragende Bedeutung des von WIEN hergeleiteten „Verschiebungsgesetzes“:

$$\mathfrak{u} = T^5 \Psi(\lambda T) = \lambda^{-5} \Phi(\lambda T). \tag{1}$$

Allerdings ist es in dieser Form merkwürdigerweise erst 1900 von RAYLEIGH und von M. THIESEN[1]) angegeben worden. WIEN faßt sein Ergebnis vielmehr folgendermaßen zusammen: Sei für eine bestimmte Temperatur T_0 die spektrale Verteilung $\mathfrak{u}_0$ über der Abszisse λ_0 aufgetragen. Um die Verteilung $\mathfrak{u}$ bei der Temperatur T zu erhalten, lasse man in diesem Diagramm die gezeichnete Kurve stehen und unterwerfe die Abszissen- bzw. Ordinatenachse den Transformationen

$$\lambda T = \lambda_0 T_0 \tag{2}$$

$$\mathfrak{u}/T^5 = \mathfrak{u}_0/T_0^5. \tag{3}$$

Nun besagt (3) aber wegen (2)

$$\mathfrak{u}(\lambda, T) = \mathfrak{u}(\lambda T/T_0, T_0)\, T^5/T_0^5. \tag{4}$$

Da mit der linken Seite auch die rechte von T_0 unabhängig sein muß, ist (1) die Lösung dieser Funktionalgleichung.

Andererseits kann der Sachverhalt dahingehend formuliert werden, daß sich bei Änderung der Temperatur von T_0 zu T die schwarze Strahlung so verhält, als ob sich alle Wellenlängen gemäß (2) verschöben (was den Namen „Verschiebungsgesetz“‘ erklärt). Dabei erfährt natürlich auch das Band $d\lambda$ die Verschiebung

$$T\, d\lambda = T_0\, d\lambda_0, \tag{4}$$

so daß für die entsprechende spektrale Energiedichte wegen (3)

$$\frac{\mathfrak{u}\, d\lambda}{\mathfrak{u}_0\, d\lambda_0} = \frac{T^4}{T_0^4} \tag{5}$$

---

[1]) S. die im Textteil reproduzierte Arbeit RAYLEIGHS, sowie M. THIESEN, Verhandlungen dtsch. physik. Ges. **2** (1900) 66.

gilt. Umgekehrt folgt das WIENsche Gesetz in der Form (3) aus der Verschiebungsregel (2) (4) und aus (5).

Um die unbekannte Funktion $\mathfrak{u}(\lambda, T)$ zu bestimmen, wird ein Thermodynamiker des vorigen Jahrhunderts einen geeigneten Prozeß ersinnen, in dessen Verlauf der Anteil schwarzer Strahlung aus dem Bereich $(\lambda_0, \lambda_0 + d\lambda_0)$ bei der Temperatur T_0 in Strahlung mit den Kenngrößen $(\lambda, \lambda + d\lambda)$, T überführt wird. Die Betrachtung des entsprechenden infinitesimalen Prozesses sollte dann eine partielle Differentialgleichung erster Ordnung für $\mathfrak{u}$ ergeben. Ihr allgemeines Integral enthält eine willkürliche Funktion von einer Variablen, wie sie ja in Gleichung (1) auftritt.

Nun ist die Lösung einer solchen partiellen Differentialgleichung äquivalent der Lösung eines Systems zweier gewöhnlicher Differentialgleichungen. Dementsprechend kann der Gedankenversuch von vornherein so gestaltet werden, daß er auf zwei derartige Gleichungen führt. Ihre Integrale müßten in unserem Fall gerade (2) und (5) sein.

Was Gleichung (5) betrifft, so beruft sich WIEN einfach auf das STEFANsche T^4-Gesetz, was ohne Kommentar nicht recht einsichtig ist.[1]) Wie wir sehen werden, kann man aber mühelos eine Differentialgleichung begründen, die integriert (5) ergibt.

Der entscheidende Punkt ist somit die Herleitung der Verschiebungsregel (2). Was für ein Prozeß gestattet aber, einen gesetzmäßigen Zusammenhang zwischen der Änderung der Temperatur und der Wellenlängen herzustellen? Nach der genialen Idee WIENS hat man die adiabatische reversible Kompression der schwarzen Strahlung in einem Hohlraum mit spiegelndem Boden durch Bewegung eines spiegelnden Kolbens zu betrachten. Hierbei verändern sich nämlich mit dem Volumen V zugleich die Wellen-

---

[1]) Davon abgesehen ist die Formulierung am Ende der Originalarbeit etwas unklar. So finden sich dort die einander widersprechenden Gleichungen

$$\varphi = \varphi_0 \vartheta/\vartheta_0 \quad \text{und} \quad \varphi = \varphi_0 \vartheta^5/\vartheta_0{}^5 .$$

längen, und zwar nach dem DOPPLERschen Prinzip bei Reflexion am bewegten Spiegel. Zu der Volumenänderung $V_0 - V$ gehört nach WIENS Berechnung eine (effektive) Änderung der Wellenlängen gemäß

$$\lambda/\lambda_0 = (V/V_0)^{1/3}. \tag{6}$$

Andererseits zeigt WIEN, daß bei einem derartigen Prozeß

$$VT^3 = V_0 T_0^3 \tag{7}$$

gilt.

Somit verläuft der Gedankengang wie folgt: Beweis von (6) und (7), woraus sich dann (2) und (4) ergibt. Beweis von (5), was mit dem Vorhergehenden zum Endergebnis (3) führt. Beweis der Allgemeingültigkeit dieses Resultats.

Da die Kompression des Hohlraumes quasistatisch vonstatten geht, kann die Berechnung der Änderung von λ bei Reflexion am bewegten Spiegel unrelativistisch erfolgen. Dazu verwenden wir Abb. 8. Auf dem einfallenden Strahl sei $QP = \lambda$, so daß in den Punkten Q und P gleiche Phase herrscht. Zur Zeit $t = 0$ werde dieser Strahl am Punkt P des bewegten Kolbens BB' unter dem Einfallswinkel α reflektiert. Das reflektierte Licht ist zur Zeit t nach A' gelangt. Währenddessen hat sich der Kolben auf die Höhe CC' verschoben. Das zu diesem Zeitpunkt an der Stelle 0 unter demselben Einfallswinkel α reflektierte Licht hat bei unserer Konstruktion dieselbe Phase, welche gleichzeitig auf der Phasenebene AA' herrscht. Infolgedessen ist $0A = \lambda_1$ die Wellenlänge des reflektierten Strahls. Nun entnimmt man der Zeichnung

$$\lambda - ct = vt/\cos\alpha,$$

also

$$ct = \frac{\lambda}{1 + v/(c\cos\alpha)}.$$

In nichtrelativistischer Näherung kann die Änderung des Reflexionswinkels gegenüber dem Einfallswinkel ver-

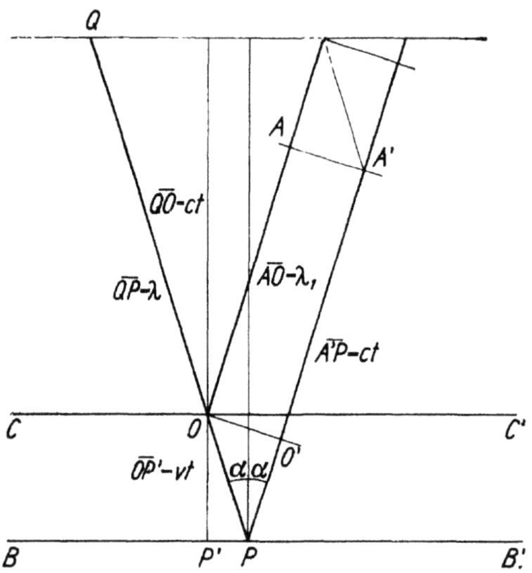

Abb. 8

nachlässigt werden. Man erkennt dann weiter mit Hilfe der Abbildung

$$\lambda_1 = ct - (\lambda - ct) \cos 2\alpha .$$

Indem obiger Wert von ct eingesetzt und nach v/c bis zum linearen Glied entwickelt wird, ergibt sich für die veränderte Wellenlänge bei einmaliger Reflexion

$$\lambda_1 = \lambda(1 - 2v \cos \alpha/c) .$$

Folglich gilt in derselben Näherung bei n-maliger Reflexion

$$\lambda_n = \lambda(1 - 2v \cos \alpha/c)^n = \lambda(1 - 2nv \cos \alpha/c) . \qquad (8)$$

Ersichtlich hängt diese Änderung von α ab, so daß bei dem betrachteten Prozeß zwar jedes orientierte monochromatische Strahlenbündel eine bestimmte farbliche Verschiebung erfährt, die gesamte Strahlung des Bandes $d\lambda$ jedoch in alle Farben aufsplittert. Es kann sich daher bei der herzuleitenden Verschiebung des Spektrums nicht um eine wirkliche, sondern um eine effektive handeln.

Wien umgeht die mit dem schrägen Einfall verbundene Schwierigkeit durch die Modellannahme, daß sich in energetischer Hinsicht die schwarze Strahlung so verhält, als ob je ein Drittel parallel zu den drei räumlichen Richtungen verläuft. Diese rohe Annahme und die auf ihr basierende Argumentation ist in der Folgezeit auf Kritik gestoßen.[1]) Jedoch lassen sich die anfechtbaren Punkte durch eine leichte Modifikation des sehr geistreichen Wienschen Gedankenganges vermeiden.

Wie es Wien an anderer Stelle tut, berechnen wir zu diesem Zweck zunächst, wie viele Reflexionen der oben betrachtete Strahl am Stempel erfährt, wenn dieser den Weg δx zurückgelegt hat. Da hierfür die Zeit $\delta t = \delta x/v$ beansprucht wird, hat der Lichtstrahl währenddessen die Strecke $l = c\delta t = c\delta x/v$ durchmessen. Ist δx sehr klein gegen die Höhe $(a - x)$ des zylindrischen Hohlraumes, so kann gesagt werden, daß der Strahl nach Durchlaufen der Strecke $\Delta l = 2(a - x)/\cos\alpha$ einmal auf den Stempel stößt. Die gesuchte Anzahl n der Reflexionen beträgt somit

$$n = l/\Delta l = \delta x c \cos\alpha/2v(a - x).$$

Gemäß (8) hat dann das Lichtbündel die Änderung der Wellenlänge

$$\begin{aligned}\delta_\alpha\lambda = \lambda_n - \lambda &= -\lambda\delta x \cos^2\alpha/(a - x)\\ &= \lambda(\delta V/V)\cos^2\alpha \qquad (9)\end{aligned}$$

erfahren.[2]) Es hat also die Intensität

$$\begin{aligned}&\mathfrak{K}(\lambda + \delta_\alpha\lambda)\,\mathrm{d}(\lambda + \delta_\alpha\lambda)\\ &= \mathfrak{K}_0(\lambda)\,(\mathrm{d}\lambda + \mathrm{d}\delta_\alpha\lambda) + \left(\frac{\partial\mathfrak{K}(\lambda)}{\partial\lambda}\right)_0 \delta_\alpha\lambda\,\mathrm{d}\lambda. \qquad (10)\end{aligned}$$

[1]) Insbesondere ist der Begriff der „normalen Komponente eines schräg auffallenden Strahls" unklar, wird dieser doch als einheitlicher Strahl bestimmter Wellenlänge reflektiert.

[2]) Es ist $V = (a - x)\cdot$ (konstante Grundfläche).

Bei $\delta V = 0$ handelt es sich um isotrope schwarze Strahlung, worauf der Index 0 hinweist. Ferner wurde ein in höherer Ordnung kleiner Term $\delta_\alpha \lambda \mathrm{d} \delta_\alpha \lambda$ fortgelassen. Wir multiplizieren nun (10) mit $\mathrm{d}\Omega = \sin\alpha \, \mathrm{d}\alpha \, \mathrm{d}\varphi$ und integrieren über den vollen Raumwinkel.[1]) Dabei beachten wir $(4\pi/c)\,\mathfrak{K}_0 = \mathfrak{u}$ sowie

$$\int \delta_\alpha \lambda \, \mathrm{d}\Omega = 4\pi\lambda(\delta V/3V) \equiv 4\pi\delta\lambda \tag{11}$$

und fügen schließlich wieder einen von höherer Ordnung kleinen Term $\delta\lambda \, \mathrm{d}\delta\lambda$ hinzu. Sodann ergibt sich für die gesamte Energiedichte der ursprünglich zum Band $\mathrm{d}\lambda$ gehörenden Strahlung nach adiabatischer Kompression um δV

$$\begin{aligned} \Delta\mathfrak{u} &= \mathfrak{u}(\lambda)\,\mathrm{d}(\lambda + \delta\lambda) + \frac{\partial\mathfrak{u}}{\partial\lambda}\,\delta\lambda\,\mathrm{d}(\lambda + \delta\lambda) \\ &= \mathfrak{u}(\lambda + \delta\lambda)\,\mathrm{d}(\lambda + \delta\lambda). \end{aligned} \tag{12}$$

Obwohl die untersuchte Strahlung nach Reflexion am bewegten Spiegel ihren ursprünglich monochromatischen Charakter verliert, ist unseren Überlegungen zufolge ihre Energiedichte dennoch so beschaffen, als ob es sich um den Anteil handelt, mit dem die Wellenlänge $\lambda + \delta\lambda$ zu schwarzer Strahlung beiträgt. Dabei ist nach (11) $\delta\lambda/\lambda = \delta V/3V$, was natürlich integriert (6) ergibt. Damit ist der Sinn dieser Verschiebungsregel völlig klargestellt. Wählt man aber speziell für λ diejenige Wellenlänge $\lambda_m(T)$, bei der zu gegebener Temperatur die Energieverteilung ihr Maximum annimmt, so erhält man einen beobachtbaren Effekt:

$$\lambda_m(T)\,T = \text{const.} \tag{13}$$

Um die Beziehung (7), $VT^3 = V_0 T_0^{\,3}$, herzuleiten, sei bemerkt, daß bei adiabatischer Kompression die Änderung

---

[1]) Bei $\alpha > \pi/2$ handelt es sich um Strahlen, die zunächst vom Stempel fortlaufen. Sie erfahren daher an ihm bei dem betrachteten Prozeß $n - 1$ Reflexionen. Wegen $n \gg 1$ kann auch für diese Strahlen die Beziehung (9) verwendet werden.

der gesamten Energie $W = uV$ gleich der geleisteten Arbeit sein muß:

$$\mathrm{d}W = -p\,\mathrm{d}V = -\frac{u}{3}\,\mathrm{d}V = -\frac{1}{3}\frac{W}{V}\,\mathrm{d}V. \qquad (14)$$

Das Integral lautet $WV^{1/3} = W_0 V_0^{1/3}$, d. h.

$$uV^{4/3} = u_0 V_0^{4/3} \qquad (15)$$

und wegen $u = \sigma T^4$

$$TV^{1/3} = T_0 V_0^{1/3}, \qquad (16)$$

was mit (7) übereinstimmt.

Nun muß dieselbe Überlegung auch für die Energie $V\Delta u$ der oben betrachteten Teilstrahlung anwendbar sein, wenn wir den von ihr ausgeübten Partialdruck in Rechnung stellen. Wegen der Isotropie dieser Strahlung beträgt jener Druck $\Delta u/3$. Es gilt also (15) auch für $\Delta u = \mathfrak{u}\,\mathrm{d}\lambda$. Unter Verwendung von (16) erhalten wir somit die Beziehung (5):

$$\frac{\mathfrak{u}\,\mathrm{d}\lambda}{\mathfrak{u}_0\,\mathrm{d}\lambda_0} = \frac{\Delta u}{\Delta u_0} = \left(\frac{V_0}{V}\right)^{4/3} = \frac{T^4}{T_0^4}.$$

Damit sind alle zur Herleitung des WIENschen Verschiebungsgesetzes notwendigen Überlegungen ausgeführt.

Es bliebe zu fragen, ob das Ergebnis von dem gewählten speziellen Gedankenversuch unabhängig ist. Um diese Frage positiv zu beantworten, kann man sich auf den ersten Paragraphen der WIENschen Abhandlung berufen. Danach ist die spektrale Verteilung $\mathfrak{u}(\lambda, T)$ bei gegebener Gesamtdichte $u(T)$, d. h. bei gegebener Temperatur, eindeutig. Sie hängt nicht davon ab, auf welche Weise der Zustand erreicht wurde. Dieses Ergebnis ist aber im Grunde nicht neu. Wie wir gesehen haben, hat bereits KIRCHHOFF bewiesen, daß es nur eine Sorte schwarzer Strahlung gibt und daß Hohlraumstrahlung „schwarz“ ist. Baut man die ganze Theorie von dem Begriff der Hohlraumstrahlung her auf, so ist natürlich eine Überlegung von der Art, wie sie WIEN in § 1 führt, unumgänglich. Wegen offensichtlicher methodischer Vorteile gibt man heute diesem Weg den Vorzug, beruft sich aber dann fälschlicherweise oft auf KIRCHHOFF. Die Überlegung WIENS ist ganz im Geiste des von uns ausführlich diskutierten Gedankenexperiments BOLTZMANNS (Kapitel 2) gestaltet, so daß sie der Leser selbst unschwer nachvollziehen und vereinfachen kann. Von methodischem Interesse ist die Verwendung des Farbfilters, von dem wir im 1. Kapitel Gebrauch gemacht haben.

In der Folgezeit wird häufiger statt der Wellenlänge die Frequenz

$$\nu = c/\lambda, \qquad \mathrm{d}\nu/\mathrm{d}\lambda = -c/\lambda^2 \tag{17}$$

verwendet. Die auf die Frequenz bezogene spektrale Energieverteilung ist nun so zu definieren, daß

$$\mathfrak{u}_\nu\,|\mathrm{d}\nu| = \mathfrak{u}_\lambda|\mathrm{d}\lambda|$$

gilt, also nach (17)

$$\mathfrak{u}_\nu = \mathfrak{u}_\lambda\lambda^2/c. \tag{18}$$

Das WIENsche Verschiebungsgesetz (1) kann also auch in der Form

$$\mathfrak{u}_\nu = \nu^3\varphi(\nu/T) = T^3\psi(\nu/T) \tag{19}$$

ausgesagt werden. Analog ist mit anderen spektralen Größen zu verfahren. So ist z. B.

$$\mathfrak{K}_\nu = \mathfrak{K}_\lambda\lambda^2/c. \tag{20}$$

$\mathfrak{u}_\lambda$ bzw. $\mathfrak{K}_\lambda$ sind die bislang mit $\mathfrak{u}$, $\mathfrak{K}$ bezeichneten Größen. Wo es nicht zu Mißverständnissen kommen kann, lassen wir den Index λ bzw. ν fort. Verwenden wir die Kreisfrequenz $\omega = 2\pi\nu$, so ist in analoger Weise

$$\mathfrak{u}_\omega = \mathfrak{u}_\nu/2\pi, \qquad \mathfrak{K}_\omega = \mathfrak{K}_\nu/2\pi. \tag{21}$$

KAPITEL 4

Willy Wien, Max Planck und das Energieverteilungsgesetz

In seinem Wahlvorschlag zur Aufnahme WILLY WIENS in die Berliner Akademie als korrespondierendes Mitglied schreibt PLANCK später (1910) über das Verschiebungsgesetz, daß es zu einer Zeit aufgestellt wurde,

„wo von einer experimentellen Prüfung noch nicht die Rede sein konnte. Als es ihm [WIEN] aber 3 Jahre später im Verein mit OTTO LUMMER gelungen war, einen schwarzen Körper in einer für Messungen geeigneten Form zu realisieren, zeigte es sich, daß das WIENsche Verschiebungsgesetz ein vollkommen exaktes Naturgesetz darstellt, welches gegenwärtig zu den Fundamenten der ganzen Strahlungstheorie zählt. Auch ein anderes von WIEN aufgestelltes Strahlungsgesetz, das sogenannte Energieverteilungsgesetz hat sich, wenn auch nicht vollkommen allgemein, so doch innerhalb eines weiten Gebietes, nämlich für hinreichend kurze Wellen, bez. für hinreichend tiefe Temperaturen, auch den empfindlichsten Proben gegenüber bewährt."[1])

Diesem Strahlungsgesetz (Energieverteilungsgesetz) ist das vorliegende Kapitel gewidmet. Dabei soll nicht zuletzt die Rolle des Experiments unterstrichen werden. KIRCHHOFF und BOLTZMANN konnten sich an experimentellen Befunden orientieren. Zu neuen tieferen theoretischen Einsichten führten aber die weiterhin an realen Strahlen vorgenommenen Messungen nicht mehr.[2]) Daher übernahm die Theorie, wie wir hörten, mit WIEN für kurze Zeit die Führung. Aber für experimentelle Aufgaben nicht weniger begabt, hilft er die Idee der Theorie durch die

---

[1]) Physiker über Physiker, Akademie-Verlag, Berlin 1975, S. 187.

[2]) Wir erwähnen die von WIEN zitierte Arbeit des Züricher Physikers H. F. WEBER (1888), der die befremdliche Strahlungsformel

$$u_\lambda = \lambda^{-2} c \exp\left(aT - (b^2 T^2 \lambda^2)^{-1}\right) \qquad (a, b, c = \text{const})$$

aufstellte.

Konstruktion eines tatsächlich schwarze Strahlung emittierenden Hohlraumes technisch zu realisieren. Damit ging die Führung wieder an die Experimentalphysik über.

Der maßgebende Anteil kam der Physikalisch-Technischen Reichsanstalt in Berlin zu. Mit dieser Institution hatte die kapitalistische Großindustrie, die Entwicklung der Wissenschaft zur Produktivkraft erkennend, ein Forschungszentrum inauguriert, in dem der Staat Aufgaben finanzierte, deren technische Bedeutung absehbar war, ohne daß ihre Lösung sich in unmittelbaren Gewinn umsetzen ließe. So dienten die dort durchgeführten Strahlungsmessungen nicht zuletzt auch den Interessen der Strahlungsquellen produzierenden Industrie.

Das schmälert in keiner Weise ihre für die Geschichte der Physik grundsätzliche Bedeutung. Messungen der spektralen Intensität veranlassen WIEN, 1896 die erste diskutable Strahlungsformel für die fundamentale Funktion $\mathfrak{K}(\lambda, T)$ (und damit für $\mathfrak{u}(\lambda, T)$) aufzustellen. Ebenso bestimmen neue Meßergebnisse PLANCK, 1900 das endgültige Strahlungsgesetz zu formulieren.

Sicher ist die Ähnlichkeit der Meßkurven für die spektrale Intensität mit der graphischen Darstellung des MAXWELLschen Geschwindigkeitsverteilungsgesetzes alsbald aufgefallen. Aber nicht auf diesen Umstand beruft sich WIEN, um seine Strahlungsformel zu konzipieren. Vielmehr entwickelt er einen recht abenteuerlich anmutenden Gedanken. Er stellt sich die Strahlung in geeigneter Weise im thermischen Gleichgewicht mit einem emittierenden und absorbierenden Gas vor. Die Anzahl der Gasmoleküle, deren Geschwindigkeit im Intervall $(v, v + dv)$ liegt, ist nach MAXWELL proportional zu

$$v^2 e^{-v^2/\varkappa T}\, dv\,, \qquad \varkappa = \text{const.}$$

Hieran anknüpfend schreibt WIEN:[1])

„Wir machen die Hypothese, daß jedes Molekül Schwingungen einer Wellenlänge aussendet, die nur von der Geschwindigkeit

[1]) W. WIEN, „Über die Energieverteilung im Emissionsspektrum des schwarzen Körpers". Ann. Physik 58 (1896) 662.

des bewegten Moleküls abhängt und deren Intensität eine Funktion dieser Geschwindigkeit ist.

Man kann durch mancherlei spezielle Annahmen über den Vorgang der Strahlung zu dieser Folgerung gelangen, da aber solche Voraussetzungen hier vorläufig vollkommen willkürlich sind, so scheint es mir zunächst am sichersten, die notwendige Hypothese so einfach und allgemein als möglich zu machen.

Da die Wellenlänge λ der von einem Molekül ausgesandten Strahlung eine Funktion von v ist, so ist auch v eine Funktion von λ.

Die Intensität $\mathfrak{K}_\lambda$ der Strahlung, deren Wellenlänge zwischen λ und $\lambda + d\lambda$ liegt, ist also proportional

1. der Anzahl der Moleküle, die Schwingungen dieser Periode aussenden,

2. einer Funktion der Geschwindigkeit v, also auch einer Funktion von λ.

Demnach ist

$$\mathfrak{K}_\lambda = F(\lambda)\, e^{-f(\lambda)/T},$$

wo F und f zwei unbekannte Funktionen und T die absolute Temperatur bezeichnen."[1])

Mit Hilfe des Verschiebungsgesetzes (3,1) folgt dann sofort das Wiensche Energieverteilungsgesetz

$$u_\lambda = \frac{C}{\lambda^5}\, e^{-\alpha/\lambda T}, \qquad C, \alpha = \text{const.} \tag{1}$$

Wien kommt zu diesem Schluß nach einer fast eine Druckseite füllenden Rechnung, was ein sicheres Zeichen dafür ist, daß sein Verschiebungsgesetz in der Form (3,1) damals noch nicht bekannt war. Am Ende seiner Veröffentlichung teilt Wien eine von Paschen empirisch ermittelte Formel mit, die sich von (1) nur durch λ^μ statt λ^5 im Nenner unterscheidet. Den unbestimmten Exponenten μ beabsichtigte Paschen seinen Messungen anzupassen. Er benutzte damals Strahlungsquellen, die

---

[1]) Wien benutzt anstatt $\mathfrak{K}$ und T die Buchstaben φ und ϑ. Seine Hypothese ist die Modifikation einer ähnlichen, mit der bereits 1887/88 W. Michelson zu dem Strahlungsgesetz

$$\mathfrak{K}_\lambda = C T^{3/2} \lambda^{-6} \exp\left(-\alpha(\lambda^2 T)^{-1}\right)$$

geführt wurde, das dem Verschiebungsgesetz nicht genügt. (Zitiert nach O. Lummer u. E. Jahnke, Ann. Physik 3 (1900) 285.)

einen schwarzen Körper nicht hinreichend approximierten. Bei schwarzer Strahlung gibt es nichts mehr anzupassen. Das T^4-Gesetz führt notwendigerweise zu $\mu = 5$.

Die Billigung, die das WIENsche Strahlungsgesetz zunächst erfuhr, beruhte gewiß darauf, daß es die vorliegenden Meßdaten befriedigend wiedergab, dagegen schwerlich auf seiner theoretischen Begründung. Aber so anfechtbar sie ist, enthält sie doch einen tiefen rationellen Kern. Erstmalig wird auf die Disziplin Bezug genommen, die sich für die endgültige Lösung des Strahlungsproblems als unentbehrlich erweisen sollte, die statistische Physik. Und mit der Übertragung der Statistik seiner Gasmoleküle auf die Strahlung bringt WIEN zugleich deren Wellenlänge zum ersten Mal mit der Energie irgendwelcher Teilchen in Verbindung.

Es sind solche Gedanken, die EINSTEIN 1905 zu der revolutionären Photonenhypothese führen werden. Sie darf dahingehend interpretiert werden, daß es sich bei den WIENschen Teilchen in Wahrheit nicht um Gasmoleküle in Wechselwirkung mit der Strahlung handelt, sondern um Teilchen, aus denen Wärmestrahlung selbst bestehend gedacht werden kann. EINSTEIN wird sich 1905 nicht etwa auf das endgültige PLANCKsche Strahlungsgesetz berufen, sondern auf das WIENsche. Obwohl zu dieser Zeit bereits als Näherungsformel erkannt, offenbart es hier seine fundamentale physikalische Bedeutung. Hierauf werden wir im 6. Kapitel eingehen.

Jetzt haben wir die frühen Bemühungen PLANCKS um das Strahlungsproblem zu schildern. Sie gehören in das vorliegende Kapitel, denn in ihrem Verlauf entwickelt sich PLANCK zum entschiedenen Protagonisten eben des WIENschen Strahlungsgesetzes. Im Unterschied zu dem pragmatischen Vorgehen WIENS (1896) greift Max PLANCK die Strahlungsproblematik etwa zur selben Zeit unter grundsätzlichen Gesichtspunkten auf. Als solchen betrachtet er den irreversiblen Charakter der Wärmestrahlung. Das kommt bereits in dem Titel der fünf Mitteilungen zum Ausdruck, die er in den Jahren 1897 bis 1899 der Akademie vorlegt: „Über irreversible Strahlungsvorgänge". Aus dem Irreversibilitätsphänomen aber „erwächst der theoretischen Physik die fundamentale Aufgabe, einseitig verlaufende Veränderungen auf konservative Wirkungen zurückzuführen".[1])

Das ist an sich das Programm der statistischen Physik, der sich PLANCK jedoch nur zögernd und schrittweise nähert. Er verfällt nämlich zunächst auf jenen Typ von Irreversibilität, der zumindest vordergründig nichts mit thermodynamischer Dissipation zu tun hat, nämlich die Nichtrealisierung avancierter Lösungen in der Elektrodynamik. Ein HERTZscher Oszillator z. B. strahlt Wellen aus und saugt sie etwa nicht ein, verhält sich also einseitig, und insofern in dem idealen Modell kein Reibungs- und Leitungswiderstand auftritt, ist der Vorgang konservativ. Hieran sollte sich auch nichts ändern, wenn der Oszillator in Wechselwirkung mit einem beliebigen, von idealen Spiegeln umschlossenen Strahlungsfeld gebracht wird. Er wird dann zwar auch absorbieren, aber PLANCK hofft, die absorbierte Energie würde sich von der emittierten in einer derart charakteristischen Weise unterscheiden, daß sich im Laufe der Zeit ein stationärer Endzustand einstellt, in dem die Hohlraumstrahlung die gesuchte Energieverteilung $\mathfrak{u}$ besitzt.

Auf diese Weise kommt folgenreich der lineare Oszillator in die Physik der Wärmestrahlung. PLANCK hält an der Untersuchung des *einen* raumfesten Oszillators in Wechselwirkung mit der Strahlung auch fest, nachdem ihn sogleich BOLTZMANN von der Unhaltbarkeit der Grundkonzeption überzeugt hatte. Und zwar überträgt BOLTZMANN den Umkehreinwand von der Mechanik auf die Elektrodynamik: Da die Grundgleichungen der Mechanik

---

[1]) M. PLANCK, „Über irreversible Strahlungsvorgänge", 1. Mitt., Sitzungsber. preuß. Akad. Wiss. Berlin (1897) 57–68. Nachgedruckt in M. PLANCK, Phys. Abh. u. Vortr., Braunschweig 1958, Bd. I, S. 493. Im folgenden in der Form Pl. I, 493 zitiert.

invariant unter Zeitumkehr sind, gibt es zu jeder Bewegung eine solche, in der die Zustände in umgekehrter Reihenfolge durchlaufen werden, die also so aussieht, als würde ein von der ersten aufgenommener Film in verkehrter Richtung vorgeführt. Entsprechendes gilt für die Elektrodynamik (wenn man zusätzlich die Richtung des Magnetfeldes umkehrt). Einem Strahlungsfeld, das in den Gleichgewichtszustand übergeht, entspricht ein anderes, das ihn spontan verläßt.

Andererseits sind derartige, rückwärts vorgeführten Filmen entsprechende Vorgänge „unnatürlich", wie das Irreversibilitätsphänomen ausweist. Die „fundamentale Aufgabe" seiner Erklärung ist indessen mit Hilfe der Mechanik und Elektrodynamik allein nicht zu lösen. Sie erfordert zusätzliche Hypothesen. Für PLANCK ist es die Hypothese der „natürlichen Strahlung". Ihr gemäß ist die Hohlraumstrahlung vollkommen inkohärent.

Wir wollen uns aber hier nicht auf eine grundsätzliche Diskussion dieses Sachverhalts einlassen. PLANCKs Publikationen bestätigen nämlich die Regel, daß derartige Hypothesen nicht in allgemeiner Formulierung am Anfang der aktuellen Forschung stehen. Vielmehr werden konkrete Annahmen gemacht, die die Rechnung vorantreiben. Sofern diese zu vertrauenserweckenden Ergebnissen geführt hat, wird dann eine Doktrin zur Rechtfertigung jener Annahmen ersonnen. Dementsprechend richten wir im folgenden unsere Aufmerksamkeit auf die konkreten Überlegungen PLANCKs.

Er erkennt Größen wie u, $\mathfrak{u}$, $\mathfrak{K}$ u. ä. als makroskopische Oberservable, die als solche Mittelwerte über mikroskopische Variable sind. Hiermit vollzieht PLANCK den ersten kleinen Schritt in Richtung auf die statistische Physik. Da er einen festen Ort ins Auge faßt, hat er es mit zeitlichen Mittelwerten zu tun. Sie sollen durch Überstreichung gekennzeichnet werden. Im GAUSSschen Maßsystem, das alle Theoretiker vernünftigerweise damals benutzten, ist so mit dem elektrischen und magnetischen Feldstärkenvektor **E** bzw. **H**

$$u = \int_0^\infty \mathfrak{u}_\omega \, d\omega = \frac{1}{8\pi} \overline{(E_x^2 + E_y^2 + E_z^2 + H_x^2 + H_y^2 + H_z^2)}.$$

Ersichtlich muß E_z^2 (wie auch die anderen Quadrate) in der Form $\int_0^\infty \mathfrak{J}_\omega \, d\omega$ darzustellen sein, wobei $\mathfrak{J}_\omega \, d\omega$ eine makroskopisch meßbare Größe ist. Zur Illustration sei notiert, daß bei der stationären, isotropen Hohlraumstrahlung alle sechs Mittelwerte gleich groß sein müssen. Deshalb gilt:

$$\mathfrak{J}_\omega = \frac{8\pi}{6} \mathfrak{u}_\omega = \frac{16\pi^2}{3c} \mathfrak{K}_\omega \tag{2}$$

(letzteres nach (2,2)). Ein komplizierterer aber linearer Zusammenhang tritt an Stelle dessen im allgemeinen Fall, dem wir uns jetzt zuwenden.

Wird das mikroskopische E_z-Feld in einem sehr großen Zeitintervall $(-\mathcal{T} < t < \mathcal{T})$ als FOURIER-Integral dargestellt,

$$E_z(t) = \int_{-\infty}^{\infty} C(\omega) \, e^{i\omega t} \, d\omega \, ; \qquad C(-\omega) = C^*(\omega), \tag{3}$$

so können wir schreiben:

$$\overline{E_z^2(t)} \equiv \frac{1}{\tau} \int_t^{t+\tau} E_z^2(t) \, dt = \int_{-\infty}^{\infty} \int_{-\infty}^{\infty} \overline{C(\omega) \, C^*(\omega') \, e^{i(\omega-\omega')t} \, d\omega \, d\omega'}$$

$$= \int_{-\infty}^{\infty} d\omega \int_{-\infty}^{\infty} \overline{C(\omega) \, C^*(\omega + \mu) \, e^{-i\mu t} \, d\mu}$$

$$= \int_{-\infty}^{\infty} d\omega \int_{-\infty}^{\infty} d\mu \, \mathfrak{A}(\omega, \mu) \, e^{-i\mu t}$$

$$= \int_0^{\infty} d\omega \int_{-\infty}^{\infty} d\mu [\mathfrak{A}(\omega, \mu) + \mathfrak{A}(-\omega, \mu)] e^{-i\mu t}$$

$$= \int_0^{\infty} d\omega \mathfrak{J}_\omega(t).$$

Der formale Sinn ist klar: In der zweiten Gleichung wurde die neue Integrationsvariable $\mu = \omega' - \omega$ eingeführt. Der zeitliche Mittelwert wurde in der nächsten Zeile wieder als FOURIER-integral angesetzt und schließlich einfach umgeformt.

Zum Verständnis des physikalischen Sachverhalts ist folgendes wichtig: Damit $\mathfrak{K}_\omega$ als eine makroskopische Intensität bezeichnet werden kann, darf sich diese Größe wesentlich nur in Zeiten ändern, die groß gegen die Schwingungsdauer $1/\omega$ sind. Wegen des linearen Zusammenhangs gilt dasselbe für $\mathfrak{J}_\omega$. Das wiederum besagt für die FOURIER-Transformierte:

$$\mathfrak{A}(\omega, \mu) \text{ trägt nur für } |\mu| \ll |\omega| \text{ wesentlich zum FOURIER-Integral bei.} \qquad (5)$$

Eine derartige Ausglättung der zeitlich heftig schwankenden mikroskopischen Größe $\int d\mu C(\omega)\, C^*(\omega + \mu) \times \exp(-i\mu t)$ muß durch die Mittlung bewirkt werden, und zwar in einem angemessenen Spielraum unabhängig von der Wahl der Mittlungszeit τ. Diese Forderungen betrachtet PLANCK einfach als zur Definition der natürlichen Strahlung gehörig.

Wenden wir uns jetzt dem oszillierenden Dipol zu. Seine Bewegungsgleichung lautet mit der (reduzierten) Masse m, Ladung e, Eigenfrequenz ω_0 und dem erregenden elektrischen Feld mit der Komponente E_z in Schwingungsrichtung

$$m(\ddot{z} + \gamma\dot{z} + \omega_0^2 z) = eE_z. \qquad (6)$$

Hierbei berücksichtigt der Term $\gamma\dot{z}$ zunächst phänomenologisch die Dämpfung vermöge des Energieverlustes durch Ausstrahlung. Die Energie des Oszillators ist

$$\varepsilon = \frac{m}{2}(\dot{z}^2 + \omega_0^2 z^2), \qquad (7)$$

womit sofort

$$\dot{\varepsilon} = eE_z\dot{z} - m\gamma\dot{z}^2 \qquad (8)$$

folgt. Da der letzte Term stets negativ und unabhängig vom erregenden Feld ist, stellt er die spontane Emission dar. Dagegen kann der erste, von E abhängige Term beiderlei Vorzeichens sein. Er beschreibt daher sowohl die erzwungene Absorption als auch die erzwungene Emission.

Unter Verwendung von (3) berechnet man die stationäre Lösung der Differentialgleichung (6) zu

$$z = \frac{e}{m} \int_{-\infty}^{\infty} \frac{C(\omega)}{\omega_0^2 - \omega^2 + i\gamma\omega} \, \mathrm{e}^{i\omega t} \, \mathrm{d}\omega. \tag{9}$$

Damit erhalten wir zunächst analog zu (4)

$$\overline{z^2(t)} = \frac{e^2}{m^2} \int\int \overline{\frac{C(\omega) C^*(\omega + \mu) \, \mathrm{e}^{-i\mu t} \, \mathrm{d}\omega \, \mathrm{d}\mu}{(\omega_0^2 - \omega^2 + i\gamma\omega)\big(\omega_0^2 - (\omega + \mu)^2 - i\gamma(\omega + \mu)\big)}}. \tag{10}$$

„Die Hypothese, die wir jetzt als die nächstliegende und wohl einzig mögliche einführen", besteht in der Annahme, daß in (10) die „schnell veränderliche" Größe $C(\omega)\, C^*(\omega + \mu)$ durch den „langsam veränderlichen Mittelwert" $\mathfrak{A}(\omega, \mu)$ ersetzt werden kann. Strahlung, „auf welche die hier eingeführte Hypothese paßt", bezeichnet PLANCK als „natürliche Strahlung"[1]. Wie man sieht, entstand diese Konzeption nicht aus grundsätzlichen Erwägungen, sondern aus dem konkreten Bedürfnis, die Rechnung weiterführen zu können.

Aus demselben Grund wird weiter vorausgesetzt, daß die Strahlungsdämpfung schwach im Sinne von $\gamma \ll \omega_0$ ist. Dementsprechend approximieren wir den Nenner von (10) in nachstehender Weise und wenden auf das Integral über ω den

[1] „Über irreversible Strahlungsvorgänge", Ann. Physik 1 (1900) 69–122, Pl. I, 635f.

Residuensatz der Funktionentheorie an:

$$\overline{z^2} = \frac{e^2}{m^2} \int_{-\infty}^{\infty} d\mu\, e^{-i\mu} \int_{-\infty}^{\infty} d\omega\, \mathfrak{A}(\omega, \mu)$$

$$\times \{(\omega - \omega_0 - i\gamma/2)(\omega + \omega_0 - i\gamma/2)(\omega + \mu - \omega_0 + i\gamma/2)$$

$$\times (\omega + \mu + \omega_0 + i\gamma/2\}^{-1} = \frac{e^2}{m^2} \int_{-\infty}^{\infty} d\mu\, e^{-i\mu} 2\pi i$$

$$\times \big(\mathrm{Res}\,(\omega = \omega_0 + i\gamma/2) + \mathrm{Res}\,(\omega = -\omega_0 + i\gamma/2)\big). \tag{11}$$

Der Wert dieser Residuen ist sofort abzulesen:

$$\mathrm{Res}\,(\omega = \pm\omega_0 + i\gamma/2) = \frac{\mathfrak{A}(\pm\omega_0 + i\gamma/2;\, \mu)}{\pm 2\omega_0(\mu + i\gamma)(\pm 2\omega_0 + \mu + i\gamma)}$$

$$= \frac{\mathfrak{A}(\pm\omega_0;\, \mu)}{4\omega_0^2(\mu + i\gamma)}, \tag{12}$$

wobei wegen $\gamma \ll \omega_0$ und der Bemerkung (5) γ und μ schließlich gegen ω_0 vernachlässigt wurden. Des Faktors $\mu + i\gamma$ im Nenner von (12) werden wir ledig, wenn

$$\frac{d}{dt}\overline{z^2} + \gamma\overline{z^2} = \frac{e^2}{m^2} \int_{-\infty}^{\infty} \frac{2\pi}{4\omega_0^2}\, i \left(\frac{-i\mu + \gamma}{\mu + i\gamma}\right)$$

$$\big(\mathfrak{A}(\omega_0, \mu) + \mathfrak{A}(-\omega_0, \mu)\big)\, e^{-i\mu t}\, d\mu = \frac{e^2\pi}{2m^2\omega_0^2}\, \mathfrak{J}_{\omega_0} \tag{13}$$

berechnet wird (s. die letzte Gleichung (4)).

Wie man unschwer sieht, ist im Rahmen der benutzten Näherungen

$$\overline{\dot{z}^2} = \omega_0^2\overline{z^2} \text{ und auch } \overline{\ddot{z}^2} = \omega_0^2\overline{\dot{z}^2}. \tag{14}$$

Wir lassen jetzt den Index 0 fort. Nach (8) und (14) hat dann ein Oszillator der Eigenfrequenz ω im Mittel die Energie

$$\bar{\varepsilon} \equiv U = m\omega^2\overline{z^2} = m\overline{\dot{z}^2}. \tag{15}$$

Daher führt uns (13) auf die „Fundamentalgleichung

der hier entwickelten Theorie"[1])

$$\frac{\mathrm{d}U}{\mathrm{d}t} + \gamma U = \frac{\pi e^2}{2m} \mathfrak{J}_\omega . \tag{16}$$

Zur Diskussion greifen wir auf (8) und die dort anschließenden Bemerkungen zurück. Wegen (15) ergibt die Mittelung

$$\frac{\mathrm{d}U}{\mathrm{d}t} = e\overline{E_z \dot{z}} - \gamma U . \tag{17}$$

Hiernach stellt die rechte Seite von (16) die im Mittel vom Oszillator absorbierte Strahlungsleistung dar. (Die erzwungene Emission ist der Mittelung zum Opfer gefallen). Die im Mittel emittierte Leistung beträgt einfach γU.

Andererseits entnimmt man der elektromagnetischen Theorie des HERTZschen Dipols für dieselbe Größe den Ausdruck

$$2e^2\overline{\ddot{z}^2}/3c^3 = 2e^2\omega^2 U/3c^3 m$$

(letzteres nach (14) und (15)). Der Vergleich mit γU liefert den Wert der phänomenologisch eingeführten Dämpfungskonstanten

$$\gamma = \frac{2}{3}\,\frac{e^2\omega^2}{c^3 m} . \tag{18}$$

Die „Fundamentalgleichung" (16) offenbart einen heute fast selbstverständlichen Sachverhalt, nämlich daß der Oszillator dasselbe Frequenzband absorbiert, das er auch emittiert. Folglich kann aus der Wechselwirkung zwischen Oszillator und Strahlung nichts über deren spektrale Verteilung erschlossen werden. Damit verfehlt PLANCKS Verfahren das eigentlich angestrebte Resultat.

Ein nicht so weit reichendes aber doch bedeutungsvolles Ergebnis ist dennoch zu verzeichnen. Um es zu erhalten, setzen wir (18) in (16) ein und gehen zum Gleichgewichtszustand — $\mathrm{d}U/\mathrm{d}t = 0$ — über. Da hier (2) zutrifft, haben

[1]) Pl. I., 637.

wir schließlich $U = \pi^2 c^3 \omega^{-2} \mathfrak{u}_\omega$. Im Gleichgewichtszustand ist somit die spektrale Energiedichte $\mathfrak{u}_\nu = 2\pi \mathfrak{u}_\omega$ mit der mittleren Energie U des Oszillators der Eigenfrequenz ν gemäß

$$\mathfrak{u}(\nu, T) = \frac{8\pi\nu^2}{c^3} U(\nu, T) \tag{19}$$

verknüpft. Das Strahlungsproblem ist also auf die Physik des harmonischen Oszillators reduziert worden. Dieser Umstand soll sich im weiteren Vorgehen PLANCKS als von großer Tragweite für die Geschichte der Physik erweisen.

PLANCK betrachtet zunächst weiter den *einen* Oszillator im Strahlungsfeld. Daher wäre zu fragen, in welchem Sinne diesem überhaupt eine temperaturabhängige Energie zugeschrieben werden kann. Wir wollen den Gedanken, die PLANCK zu dieser Frage entwickelt, nicht nachgehen. Vielmehr möge die Bemerkung genügen, daß es sich um die mittlere Energie des Oszillators handelt, die er im thermostatischen Wärmebad der Strahlung hat.

Wird die Anwendbarkeit des Temperaturbegriffs auf den Oszillator aber akzeptiert, so muß man auch die Existenz der Entropie S des Oszillators zugeben. Erst recht muß sinnvoll von der Entropiedichte gesprochen werden können, die der zu einem Frequenzband $(\nu, \nu + d\nu)$ gehörenden Strahlung zukommt. Sie werde mit $\mathfrak{S}(\nu, T)\, d\nu$ bezeichnet. Darüber hinaus wendet PLANCK, was schon WIEN tat,[1]) den Entropiebegriff auch auf das einzelne monochromatische linear polarisierte Strahlenbündel an.

Wie wir sagten, ist ein beliebiges Bündel in zwei senkrecht zueinander linear polarisierte zerlegbar, wobei sich deren Intensitäten addieren,

$$\mathfrak{K} = \mathfrak{K}_1 + \mathfrak{K}_2 . \tag{20}$$

Da die Strahlen miteinander nicht wechselwirken, transportieren sie ihre Entropie in derselben Weise wie ihre Energie. Deshalb wird in enger Analogie zu $\mathfrak{K}$ eine spezi-

---

[1]) W. WIEN, „Temperatur und Entropie der Strahlung", Ann. Physik 52 (1894) 132.

fische Intensität der Entropiestrahlung

$$\mathfrak{L} = \mathfrak{L}_1 + \mathfrak{L}_2 \tag{21}$$

eingeführt. Es bedeutet also (s. 1,1)

$$\mathrm{d}\Sigma = \mathfrak{L}_1 \,\mathrm{d}\nu \cos\vartheta \,\mathrm{d}A \,\mathrm{d}\Omega \,\mathrm{d}t \tag{22}$$

die während der Zeit $\mathrm{d}t$ von einem linear polarisierten Bündel bestimmter Gattung durch das Flächenelement $\mathrm{d}A$ transportierte Entropie. $\mathfrak{u}$, $\mathfrak{K}$ und $\mathfrak{s}$, $\mathfrak{L}$ entsprechen sich auch in anderer Hinsicht. So ist in der stationären (unpolarisierten, isotropen) Hohlraumstrahlung $\mathfrak{K}_1 = \mathfrak{K}_2$ sowie $\mathfrak{L}_1 = \mathfrak{L}_2$, und wir haben (s. 2,2) in diesem Falle

$$\mathfrak{u} = (8\pi/c)\,\mathfrak{K}_1, \qquad \mathfrak{s} = (8\pi/c)\,\mathfrak{L}_1 . \tag{23}$$

Mit (19) folgt daraus

$$\mathfrak{K}_1 = \mathfrak{K}_2 = \nu^2 c^{-2} U . \tag{24}$$

In diesem Stadium seiner Überlegungen vollzieht PLANCK bereits eine kleine Wendung in der Problemstellung, die sehr wesentlich dazu beitragen wird, daß er im Herbst 1900 das endgültige Strahlungsgesetz finden kann. Wie er nämlich als hervorragender Thermodynamiker weiß, besteht der tiefere Zusammenhang nicht zwischen Energie und Temperatur, sondern zwischen Energie und Entropie. So wendet PLANCK seine Aufmerksamkeit auf die unbekannte Funktion $S(U, \nu)$. Das WIENsche Verschiebungsgesetz liefert zunächst zusammen mit (19) $U = \nu\varphi(T/\nu)$. Wird die Temperatur mit Hilfe der universellen thermodynamischen Relation

$$\frac{1}{T} = \frac{\mathrm{d}S}{\mathrm{d}U} = \frac{\mathrm{d}\mathfrak{s}}{\mathrm{d}\mathfrak{u}} = \frac{\mathrm{d}\mathfrak{L}}{\mathrm{d}\mathfrak{K}} \tag{25}$$

ins Spiel gebracht, kann man noch auf

$$S = F(U/\nu) \tag{26}$$

schließen.

Weitere Information ist aber ohne neue Annahmen nicht zu erhalten. Daher entschließt sich PLANCK jetzt, das

1899 im Vordergrund des Interesses stehende WIENsche Strahlungsgesetz auf den Zusammenhang zwischen Entropie und Energie hin zu untersuchen. In Frequenzschreibweise formuliert es PLANCK unter Berücksichtigung von (19) in der Gestalt

$$\mathfrak{u}_\nu = \frac{8\pi\nu^2}{c^3}\, b\nu\, \mathrm{e}^{-a\nu/T}. \tag{27}$$

Daraus ergibt sich mittels (25) durch einfache Integration

$$\mathfrak{s}_\nu = -\frac{u_\nu}{a\nu} \log \frac{c^3 u_\nu}{8\pi b\nu^3\, \mathrm{e}}, \tag{28}$$

$$S = -\frac{U}{a\nu} \log \frac{U}{b\nu\, \mathrm{e}} \tag{29a}$$

und wegen (23)

$$\mathfrak{L}_1 = -\frac{\mathfrak{K}_1}{a\nu} \log \frac{c^2 \mathfrak{K}_1}{b\nu^3\, \mathrm{e}} \tag{29b}$$

(e ist die Basis des natürlichen Logarithmus.)

Die Konstante b hat, wie wir sehen werden, die physikalische Bedeutung des später mit h bezeichneten Wirkungsquantums. Diese Konstante wurde also bereits 1899 von PLANCK in die Physik eingeführt und mit Hilfe des WIENschen Gesetzes und vorliegender Meßresultate berechnet. Im Textteil ist diese Rechnung nachgedruckt, desgleichen die ebenfalls bereits 1899 konzipierten natürlichen Einheiten, „welche unabhängig von speziellen Körpern und Substanzen, ihre Bedeutung für alle Zeiten und für alle, auch außerirdische und außermenschliche Kulturen notwendig behalten“. Obwohl PLANCK selbstverständlich die wahre Bedeutung seiner Konstanten b nicht erahnen konnte, ist er offenbar von vornherein von ihrer universellen Bedeutung überzeugt und stellt sie demgemäß mit der Lichtgeschwindigkeit und der Gravitationskonstanten auf eine Stufe.

Das war zu diesem Zeitpunkt nur unter der Voraussetzung sinnvoll, daß PLANCK von der Endgültigkeit des WIENschen Gesetzes, das der Betrachtung ja zugrunde liegt, überzeugt war. Um diese Überzeugung zu begründen, dringt PLANCK einen Schritt weiter in die Ideenwelt BOLTZMANNS ein. BOLTZMANN hatte nämlich (s. d. nächste Kapitel) den irreversiblen Charakter der Wärmebewegung in einem Gase durch die Konstruktion einer Größe verständlich gemacht, von der er nachwies, daß sie zeitlich nicht abnimmt, und die er daher mit der thermodynamischen Entropie identifizierte. In enger Analogie zu diesem sogenannten H-Theorem faßt PLANCK (28) und (29) als Entropiedefinitionen auf, die auch im Nichtgleichgewichtszustand gelten sollen. Sodann zeigt er, daß die hiermit implizit mitdefinierte Entropie des aus Strahlung und Oszillator bestehenden abgeschlossenen Gesamtsystems zeitlich nicht abnimmt. Man kann sich vorstellen, daß das hier untersuchte Nichtgleichgewichtssystem voneinander verschiedene Temperaturen aufweist, insofern die Differentialquotienten (25) für jede Strahlungsgattung und für den Oszillator jetzt unterschiedliche Werte annehmen.

PLANCKS Überlegung erfordert es, die Entropie- und die Energiebilanz aufzustellen. Letztere liegt in der Gestalt (16) bereits vor. Auf der rechten Seite steht die zu $\overline{E_z^2}$ gehörende spektrale Verteilung $\mathfrak{J}_\omega$. Sie ist lediglich in allgemeinerer Weise als in (2) mit der Strahlungsintensität $\mathfrak{K}$ in Verbindung zu bringen. Zu diesem Zweck zerlegen wir $\mathfrak{K}$ gemäß (20) derart, daß nur das linear polarisierte Strahlenbündel mit der Intensität $\mathfrak{K}_2$ zu $\overline{E_z^2}$ beiträgt. In diesem Bündel soll nämlich der elektrische Vektor $\boldsymbol{E}$ in der durch die z-Achse und die Ausbreitungsrichtung $\boldsymbol{s}$ aufgespannten Ebene schwingen. Das senkrecht dazu polarisierte Bündel mit der Intensität $\mathfrak{K}_1$ hat dann definitionsgemäß keine E_z-Komponente. In einem linear polarisierten Strahl ist der Betrag des Energiestromvektors nach der MAXWELLschen Theorie $(c/4\pi)\,\overline{E^2}$. Laut Definition dieses Vektors gilt weiter

$$dW = (c/4\pi)\,\overline{dE^2}\cos\vartheta\, dA\, dt,$$

wobei wir dE statt E schreiben, und dW dieselbe Bedeutung wie in (1,1) hat. Durch Vergleich mit dieser Formel folgt

$$\overline{\mathrm{d}E^2} = (4\pi/c)\, \mathfrak{K}_2(\nu)\, \mathrm{d}\nu\, \mathrm{d}\Omega .$$

Da $\boldsymbol{E}$ auf $\mathbf{s}$ senkrecht steht (s. Abb. 9), erhält man den Beitrag der betrachteten Strahlengattung zu $\overline{E_z^2}$ einfach durch Multiplikation mit $\sin^2\theta$, wobei θ der Winkel zwischen $\mathbf{s}$ und der z-Richtung ist. Integration über alle Frequenzen und Richtungen liefert dann $\overline{E_z^2} = \int \mathfrak{J}_\nu\, \mathrm{d}\nu$. Nach Ausführung dieser einfachen Maßnahmen ist sofort das gesuchte Ergebnis ersichtlich:

$$2\pi\mathfrak{J}_\omega = \mathfrak{J}_\nu = \frac{4\pi}{c}\int \mathfrak{K}_2(\nu)\, \sin^2\theta\, \mathrm{d}\Omega . \tag{30}$$

Schließlich ist noch (18) und $\int \sin^2\theta\, \mathrm{d}\Omega = 8\pi/3$ zu berücksichtigen.

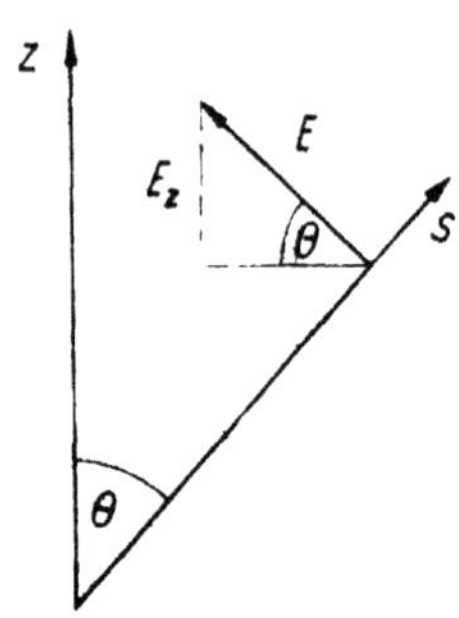

Abb. 9

Damit nimmt die Energiebilanz (16) folgende Form an:

$$\frac{\mathrm{d}U}{\mathrm{d}t} = \frac{3\gamma c^2}{8\pi\nu^2}\int\left(\mathfrak{K}_2 - \frac{\nu^2}{c^2}\,U\right)\sin^2\theta\, \mathrm{d}\Omega$$

$$= \frac{3\gamma c^2}{8\pi\nu^2}\int(\mathfrak{K}_1 + \mathfrak{K}_2 - \mathfrak{K}_1' - \mathfrak{K}_2')\, \mathrm{d}\Omega \tag{31}$$

mit

$$\mathfrak{K}_1' = \mathfrak{K}_1; \qquad \mathfrak{K}_2' = \mathfrak{K}_2 \cos^2\theta + \frac{\nu^2}{c^2} U \sin^2\theta. \quad (32)$$

Die linke Seite von (31) beschreibt den Gewinn an Oszillatorenergie, folglich, wegen der Energieerhaltung, die rechte Seite den Verlust an Strahlungsenergie. Von einem den Oszillator treffenden Bündel der Intensität $\mathfrak{K} = \mathfrak{K}_1 + \mathfrak{K}_2$ wird nämlich gemäß (30) nur der Anteil $\mathfrak{K}_2 \sin^2\theta$ vom Oszillator absorbiert. Der Rest, $\mathfrak{K}_1 + \mathfrak{K}_2 \cos^2\theta$, streicht über den Resonator hinweg und taucht dementsprechend in der Intensität $\mathfrak{K}' = \mathfrak{K}_1' + \mathfrak{K}_2'$ des in gleicher Richtung den Oszillator verlassenden Bündels wieder auf. Zusätzlich enthält $\mathfrak{K}'$ die Intensität der in dieser Richtung emittierten Strahlung $\nu^2 c^{-2} U \sin^2\theta$ in Übereinstimmung mit der HERTZschen Theorie. (Im Gleichgewichtsfall ist (24) anzuwenden.)

Analogerweise ist die Entropie folgendermaßen zu bilanzieren:

$$\frac{dS_{\text{total}}}{dt} = \frac{dS}{dt} + \frac{3\gamma c^2}{8\pi\nu^2} \int (\mathfrak{L}_1' + \mathfrak{L}_2' - \mathfrak{L}_1 - \mathfrak{L}_2)\, d\Omega \qquad (33)$$

mit $\mathfrak{L}_1' = \mathfrak{L}_1$. Die Entropieproduktion des gesamten Systems setzt sich aus der des Oszillators und der des Strahlungsfeldes zusammen.

Der Ausdruck für den letzten Anteil ist u. E. nicht ganz trivial. Die *Energieänderung* ΔW, welche ein Strahl bestimmter Richtung beim Überstreichen des Oszillators erfährt, bedingt eine Differenz $dW - dW'$ des *Energietransports* durch gleiche Flächenelemente vor und hinter dem Oszillator. Entsprechendes gilt für die Entropieänderung $\Delta\Sigma$ und den Entropietransport $d\Sigma - d\Sigma'$. Nun dürfte das Verhältnis $\Delta W : \Delta\Sigma = (dW - dW') : (d\Sigma - d\Sigma')$ einsichtig sein. Verwendet man sinngemäß (1,1) und (22) sowie $\Delta W = (3\gamma c^2)/(8\pi\nu^2) \cdot (\mathfrak{K} - \mathfrak{K}')\, d\Omega$, so ergibt sich für $\Delta\Sigma$ das erwünschte Ergebnis.

Berechnet man nun $\mathrm{d}S/\mathrm{d}t = (\mathrm{d}S/\mathrm{d}U)\,(\mathrm{d}U/\mathrm{d}t)$ nach (29a) und (31) und setzt das zugleich mit (30) in (33) ein, so ergibt sich

$$\frac{\mathrm{d}S_{\text{total}}}{\mathrm{d}t} = \frac{3\gamma c^2}{8\pi a \nu^3} \int \mathrm{d}\Omega \left(\mathfrak{K}_2 \log \frac{c^2 \mathfrak{K}_2}{\nu^2 U \mathrm{e}} - \mathfrak{K}_2{}' \log \frac{c^2 \mathfrak{K}_2{}'}{\nu^2 U \mathrm{e}} \right). \quad (34)$$

Von diesem Ausdruck also ist nachzuweisen, daß er nicht negativ ist.[1]) Bezeichnen wir die zu logarithmierenden Terme mit x bzw. x', so genügt der Nachweis, daß $x \log x \geq x' \log x'$ ist. Nun ist nach (32)

$$x' = x \cos^2 \theta + \sin^2 \theta/\mathrm{e}.$$

Somit liegt x' zwischen x und $1/\mathrm{e}$. Für $x' = 1/\mathrm{e}$ nimmt aber die Funktion $x' \log x'$ ihr einziges Minimum an, womit sich die Behauptung als richtig erweist.

Nun ist hiermit selbstverständlich lediglich gezeigt, daß die getroffene Entropiedefinition thermodynamisch zulässig ist. Eine Begründung des Wienschen Strahlungsgesetzes würde darüber hinaus und vor allem den Nachweis der *Notwendigkeit* dieser Definition erfordern. An dieser Stelle unterliegt Planck einer ganz außerordentlichen Schwäche. Wie im Textteil nachzulesen, beschränkt er sich auf die Mitteilung, daß ihm eine andere Entropiekonstruktion trotz wiederholten Bemühens nicht gelungen sei. Aber das faktische Mißlingen einer begrifflichen Konstruktion kann keinesfalls deren Nichtexistenz beweisen, sondern bestenfalls als heuristischer Hinweis dafür angesehen werden. Planck hingegen glaubt

„hieraus schließen zu müssen, daß die ... gegebene Definition der Strahlungsentropie und damit auch das Wiensche Energieverteilungsgesetz eine notwendige Folge der Anwendung des Prinzips der Vermehrung der Entropie auf die elektromagnetische Strahlungstheorie ist, und daß daher die Grenzen der Gültigkeit

---

[1]) Wir haben Plancks Voraussetzungen etwas verschärft, um den Beweis zu vereinfachen.

dieses Gesetzes, falls solche überhaupt existieren, mit denen des zweiten Hauptsatzes der Wärmelehre zusammenfallen".

Diese Sätze stehen in PLANCKS 5. Mitteilung „über irreversible Strahlungsvorgänge", die am 18. 5. 1899 der Berliner Akademie vorgelegt wurde. Unverändert gingen sie am 7. 11. 1899 bei den Annalen der Physik ein. Demgegenüber berichteten bereits am 3. 2. 1899 O. LUMMER und E. PRINGSHEIM [1]) im Berliner Kolloquium der Physikalischen Gesellschaft, daß sie im Bereich von 814 K bis 1426 K für Wellenlängen zwischen 1,21μ und 4,96 μ systematische Abweichungen von der WIENschen Strahlungsformel gefunden haben. Da sie noch nicht entscheiden konnten, ob hier systematische Meßfehler im Spiel waren, wurde in Kontrollversuchen der Meßbereich erweitert. In der Sitzung vom 3. 11. 1899 bekunden die Autoren am selben Ort nunmehr, es „ist wahrscheinlich gemacht", daß die wiederum festgestellten Abweichungen von der WIENschen Formel „nicht auf zufälligen Beobachtungsfehlern beruhen".[2])

In seinem Manuskript vom 18. 5. 1899 führt PLANCK neben anderen Zitaten die erste Arbeit von LUMMER und PRINGSHEIM als Beleg für die „wenigstens sehr angenäherte Gültigkeit" des WIENschen Gesetzes an. Das Wort „sehr" hat PLANCK in seinem Manuskript vom 7. 11. 1899 gestrichen. Vor dessen Fertigstellung dürfte er den Inhalt der zweiten Arbeit von LUMMER und PRINGSHEIM nicht zur Kenntnis genommen haben. Denn bei der Korrektur fügt er eine Anmerkung über die gefundenen Abweichungen vom WIENschen Gesetz hinzu. Jedenfalls war schon Ende 1899 die überaus stark formulierte theoretische Aussage PLANCKS mit der experimentellen Situation nicht in befriedigender Übereinstimmung. Wahrscheinlich hat PLANCK den Ergebnissen PASCHENS und dessen Mitarbeiters WANNER das größere Vertrauen geschenkt. Diese Autoren meinten, zwischen 1μ und 9 μ

[1]) Verhandlungen dtsch. physik. Ges. 1 (1899) 23–41.

[2]) l. c. 215–235.

das WIENsche Strahlungsgesetz mit überraschender Genauigkeit für niedere und hohe Temperaturen bestätigt gefunden zu haben.[1])

Immerhin sieht sich PLANCK veranlaßt, die Problematik neu zu überdenken. Er erkennt den schwachen Punkt seiner Argumentation, nämlich die spezielle Entropiedefinition (29b), und untersucht, was man über den Zusammenhang zwischen Energie- und Entropieänderung aussagen kann, ohne auf eine solche spezielle Definition zurückzugreifen.[2]) Zur Vereinfachung nimmt er an, daß sich die Energie des Oszillators nur um einen kleinen Betrag von ihrem Gleichgewichtswert U_0 unterscheide,

$$U = U_0 + \Delta U. \tag{35}$$

Ferner sei $\mathfrak{K}_1 = \mathfrak{K}_2 = \mathfrak{K}_0$ die konstante Gleichgewichtsintensität.

Damit ist auch $\mathfrak{L}_2 = \mathfrak{L}_0$. Für U_0, $\mathfrak{K}_0$ gelten dann die Beziehungen (24), (25), aus denen noch

$$(\mathrm{d}^2\mathfrak{L}/\mathrm{d}\mathfrak{K}^2)_0 = c^2\nu^{-2}(\mathrm{d}S^2/\mathrm{d}U^2)_0 \tag{36}$$

folgt. Unter Berücksichtigung von (24) ergibt sich aus (32)

$$\Delta\mathfrak{K} = \mathfrak{K}_2' - \mathfrak{K}_0 = \nu^2 c^{-2}\, \Delta\, U \sin^2\theta \tag{37}$$

und damit aus (31) und $\int \sin^2\theta\, \mathrm{d}\Omega = 8\pi/3$

$$\mathrm{d}U/\mathrm{d}t = -\gamma\Delta U, \tag{38}$$

was besagt, daß der Oszillator seinem Gleichgewichtszustand zustrebt und sich nicht etwa von ihm weiter

---

[1]) PLANCK legt der Berliner Akademie zwei Mitteilungen PASCHENS vor. Während die erste vom 27. 4. 1899 glaubwürdige Resultate aus dem Temperaturbereich von 100°C bis 450°C enthält, heißt es zu der zweiten, am 7. 12. 1899 vorgelegten: Verf. hat „die Energiestrahlung des schwarzen Körpers, ..., zwischen den Temperaturen 400°C und 1300°C durch das ganze Spektrum hindurch bolometrisch gemessen. Entsprechend den früheren Resultaten wurde das WIENsche Strahlungsgesetz bis auf Abweichungen, die im wesentlichen von der unvollkommenen Realisierbarkeit des schwarzens Körpers herrühren dürften, bestätigt gefunden." (Sitzungsber. preuß. Akad. Wiss. Berlin (1899) 894.) WANNER glaubt sogar, es „ist der Schluß berechtigt, daß das WIENsche Gesetz im sichtbaren Gebiete bis 4000° gültig ist." (Ann. Physik **2** (1900) 157, eingegangen am 29. 3. 1900.)

[2]) M. PLANCK, „Entropie und Temperatur strahlender Wärme". Ann. Physik **1** (1900) 719–737.

enfernt. Setzen wir jetzt in die TAYLOR-Entwicklung

$$\mathfrak{L}_2' - \mathfrak{L}_0 = \left(\frac{d\mathfrak{L}}{d\mathfrak{K}}\right)_0 \Delta\mathfrak{K} + \frac{1}{2}\left(\frac{d^2\mathfrak{L}}{d\mathfrak{K}^2}\right)_0 (\Delta\mathfrak{K})^2$$

(37), (25) und (36) ein, so resultiert

$$\mathfrak{L}_2' - \mathfrak{L}_0 = \frac{\nu^2}{c^2}\,\Delta U \left\{\left(\frac{dS}{dU}\right)_0 \sin^2\theta + \frac{1}{2}\left(\frac{d^2S}{dU^2}\right)_0 \sin^4\theta\,\Delta U\right\}$$

und wegen $\int \sin^4\theta\, d\Omega = 32\pi/15$ unter Verwendung von (38)

$$\frac{3\gamma c^2}{8\pi\nu^2}\int(\mathfrak{L}_2' - \mathfrak{L}_0)\, d\Omega = -\frac{dU}{dt}\left[\left(\frac{dS}{dU}\right)_0 + \frac{2}{5}\left(\frac{d^2S}{dU^2}\right)_0 \Delta U\right].$$

Schließlich ist

$$\frac{dS}{dt} = \frac{dU}{dt}\frac{dS}{dU} = \frac{dU}{dt}\left[\left(\frac{dS}{dU}\right)_0 + \left(\frac{d^2S}{dU^2}\right)_0 \Delta U\right].$$

Durch Addition beider Ausdrücke erhalten wir gemäß (33) die gesuchte Entropieänderung

$$dS_{\text{total}} = dU\Delta U\,\frac{3}{5}\left(\frac{d^2S}{dU^2}\right)_0. \tag{39}$$

Nach (38) haben dU und ΔU verschiedene Vorzeichen. Aus dem Entropieprinzip $dS_{\text{total}} > 0$ kann also, wie PLANCK jetzt klar erkennt, nicht mehr geschlossen werden, als daß der zweite Differentialquotient der Entropie nach der Energie negativ ausfallen muß. Schreibt man

$$\frac{d^2S}{dU^2} = -f(U) \tag{40}$$

und nimmt für f irgendeine positive Funktion an, so ist der auf dieser Basis berechnete allgemeine Ausdruck (33) für die totale Entropieänderung immer positiv, wie PLANCK ebenfalls bemerkt und damit seine starke Behauptung der letzten Veröffentlichung widerruft.

Gleichwohl unternimmt er einen letzten Versuch, das WIENsche Strahlungsgesetz zu retten. Zu diesem Zweck betrachtet er statt des einen Oszillators N völlig gleichartige im stationären Strahlungsfeld, die sich anfänglich alle um den gleichen Energiebetrag ΔU vom Gleichgewichtswert U_0 unterscheiden. PLANCK macht nun zwei Annahmen. Erstens, die N Oszillatoren verhalten sich auch in Anwesenheit des Strahlungsfeldes völlig unabhängig voneinander. Dann muß die erfolgende Entropieänderung N-mal so groß wie bei Vorhandensein eines Oszillators sein, also nach (38)

$$\mathrm{d}S_{N\mathrm{total}} = -N\,\mathrm{d}U\Delta U\,\frac{3}{5}\,f(U).$$

Die zweite Annahme besagt, diese Entropie hängt nur von der Gesamtenergie $U_N = NU$ des Oszillatorensembles und deren Abweichung vom stationären Wert $\Delta U_N = N\Delta U$ ab, so daß

$$\mathrm{d}S_{N\mathrm{total}} = -N^2\,\mathrm{d}U\Delta U\,\frac{3}{5}\,f(NU)$$

gilt. Vergleich beider Ausdrücke ergibt die Funktionalgleichung

$$f(NU) = f(U)/N,$$

deren allgemeine Lösung

$$f(U) = 1/AU, \qquad A = A(\nu) > 0 \tag{41}$$

lautet. Damit folgt aus (40) durch zweimalige Integration

$$S = -\frac{U}{A(\nu)}\log\frac{U}{B(\nu)}.$$

Das WIENsche Verschiebungsgesetz in der Form (26) führt dann wieder zu (29a) und damit zum WIENschen Strahlungsgesetz.

Durch dieses Ergebnis ist PLANCKS „Ansicht über die Bedeutung desselben noch mehr befestigt worden, wenn sich auch die Gründe, welche dieselbe stützen, zum Teil etwas verschoben haben".[1]) Jedoch bevor PLANCK am 22. 3. 1900 diese Zeilen zum Druck gibt, hatten schon am 2. 2. 1900 LUMMER und PRINGSHEIM[2]) wiederum im Berliner Kolloquium eine durchaus gegenteilige Auffassung begründet. Sie legten Meßergebnisse aus dem Wellenlängenbereich zwischen 12 μ bis 18 μ und im Temperaturintervall von 85 K bis nahe 1800 K vor. Während bei tiefen Temperaturen das WIENsche Gesetz bestätigt wurde, sind bei höheren die Abweichungen so groß, „daß sie durch Beobachtungsfehler schlechterdings nicht erklärt werden können". Bei der höchsten Temperatur differierten die gemessenen und theoretischen Werte um 40% (bei 12,3 μ) bis 50% (bei 17,9 μ). Die Autoren kommen zu dem Schluß: „Es ist somit erwiesen, daß die WIEN-PLANCKsche Spektralgleichung die von uns gemessene schwarze Strahlung für das Gebiet von 12 μ bis 18 μ nicht darstellt." Da die Abweichungen von dieser Spektralgleichung mit dem Produkt λT systematisch größer wurden, untersuchten dann KURLBAUM und RUBENS die nach mehrfacher Reflexion an Flußspat und Steinsalz verbleibenden Reststrahlen[3]), und gelangten damit zu Werten von λT, welche die durch spektrale Zerlegung bisher erreichten um das Dreifache übertrafen.

Erst als diese Experimente im Oktober 1900 das Versagen der WIENschen Strahlungsformel außer Frage stellen, entschließt sich PLANCK, seine theoretische Konzeption aufzugeben. Zugleich aber ermöglicht ihm sein tiefes Eindringen in die Strahlungsproblematik, die Krise schnell (wenn auch nicht sogleich allerorten verständlich) zu meistern. Somit waren die in diesem Kapitel referierten Untersuchungen durchaus nicht vergeblich. Sie verdienen umso mehr, tiefer ausgelotet zu werden, als ja das WIENsche Strahlungsgesetz, wie schon gesagt,

---

[1]) M. PLANCK, „Entropie und Temperatur strahlender Wärme". Ann. Physik 1 (1900) 719–737, Pl. I, 669.

[2]) Verhandlungen dtsch. physik. Ges. 2 (1900) 163–180.

[3]) Diese Methode schlägt bereits RAYLEIGH zur Prüfung der Strahlungsformel vor (s. S. 173).

auch als Näherungsformel einen tiefen physikalischen Gehalt behält. Sein Verständnis eröffnet zugleich das Verständnis der weiteren Entwicklung. Beides aber macht es erforderlich, auf einige Grundgedanken der statistischen Physik einzugehen. Dabei genügt es für unsere Zwecke, deren einfachste Version, BOLTZMANNS anschauliche Theorie der idealen, einatomigen Gase zu betrachten.

KAPITEL 5

Ludwig Boltzmann und die elementare Gasstatistik

Der Zustand eines als Massenpunkt behandelten Gasteilchens ist durch seinen Positionsvektor $\boldsymbol{x}$ und seinen Impuls $\boldsymbol{p}$ gegeben, anders ausgedrückt durch einen Punkt im 6-dimensionalen von x, y, z, p_x, p_y, p_z aufgespannten Phasenraum. Gegenstand der BOLTZMANNschen Gastheorie ist die Verteilung f der N Gasteilchen in diesem Phasenraum. Dabei ist

$$N_s = f(\boldsymbol{x}, \boldsymbol{p}, t)\, \Delta\boldsymbol{x}\Delta\boldsymbol{p} \qquad (1)$$

die Anzahl der Teilchen, die sich zur Zeit t in einem kleinen Volumen $\Delta\boldsymbol{x}\Delta\boldsymbol{p}$ um $\boldsymbol{x}$ und $\boldsymbol{p}$ dieses Raumes befinden.[1]) Wir wollen ihn auch in lauter kleine Zellen zerlegen und diese durchnumerieren. Im Hinblick darauf ist die Bezeichnungsweise gewählt: N_s ist die Anzahl der Teilchen in der s-ten Zelle.

Diese Zahl ändert sich einmal wegen der Trägheitsbewegung der Teilchen und zum anderen auf Grund ihrer Zusammenstöße, d. h. ihrer kurzreichweitigen Wechselwirkung. Durch Analyse dieses Stoßgeschehens wies BOLTZ-

[1]) Wir werden im folgenden nach Belieben $\Delta\boldsymbol{x}\ \Delta\boldsymbol{p}$ durch das Volumenelement $d\boldsymbol{x}\ d\boldsymbol{p}$ ersetzen.

MANN nach, daß der Ausdruck

$$\Omega = -\int_V \mathrm{d}\boldsymbol{x} \int_{-\infty}^{\infty} \mathrm{d}\boldsymbol{p}\, f \log f \tag{2}$$

(V ist das Gasvolumen) zeitlich nicht abnehmen kann ($\mathrm{d}\Omega/\mathrm{d}t > 0$). Er muß also im Gleichgewichtszustand sein Maximum annehmen, und in diesem ist, wie BOLTZMANN weiter zeigte, f durch die MAXWELL-Verteilung gegeben. Solches Verhalten kennzeichnet Ω als Analogon der Entropie S des Gases, und zwar wird sich herausstellen, daß Ω und S einander proportional sind. Dann aber muß

$$\omega = -\int \mathrm{d}\boldsymbol{p}\, f \log f \tag{3}$$

der Entropiedichte s proportional sein.

Schreibt man

$$-\int \frac{\mathrm{d}}{\mathrm{d}t}(f \log f)\, \mathrm{d}\boldsymbol{p} \geq 0, \tag{4}$$

so heißt das nicht etwa, daß die Entropiedichte nicht abnehmen kann. So etwas ist durch *Abtransport* von Entropie ohne weiteres möglich. Man hat diese Ungleichung vielmehr so zu verstehen, daß Entropie nur produziert, nicht aber vernichtet werden kann. In analoger Weise gilt

$$\int \frac{\mathrm{d}f}{\mathrm{d}t}\, \mathrm{d}\boldsymbol{p} = 0, \tag{5}$$

was bedeutet, daß Gasteilchen weder vernichtet noch produziert werden.

Die Aussage $\mathrm{d}\Omega/\mathrm{d}t \geq 0$ bzw. (4) ist der Inhalt des schon erwähnten H-Theorems, und der Leser erkennt die Analogie mit der Argumentation PLANCKS (s. S. 62). Wichtiger als diese „kinetische“ Deutung des zweiten Hauptsatzes ist für uns der Übergang zu seiner im engeren Sinne „statistischen“ Interpretation. Denn genau diesen im folgenden skizzierten Übergang wird PLANCK im Herbst 1900 verallgemeinernd nachvollziehen.

Für Boltzmann war Ausgangspunkt der bereits erwähnte (s. S. 49 f.) Umkehreinwand Loschmidts, demzufolge es unmöglich ist, den zweiten Hauptsatz auf rein mechanischem Wege zu beweisen. Denn ist eine Bewegung derart beschaffen, daß $\mathrm{d}\Omega/\mathrm{d}t > 0$ ist, so ist nach den Gesetzen der Mechanik eine andere mit $\mathrm{d}\Omega/\mathrm{d}t < 0$ genau so möglich. Darauf erwidert Boltzmann am Anfang des Jahres 1877,[1]) daß die fragliche Ungleichung der kinetischen Gastheorie gemäß mit größter Wahrscheinlichkeit, aber nicht mit absoluter Notwendigkeit gelte. Ferner gibt er der Vermutung Ausdruck, daß dieser Sachverhalt „vielleicht zu einer interessanten Methode zur Berechnung des Wärmegleichgewichts führen könnte". Einige Monate später verdichten sich die qualitativen Argumente in der grundlegenden Arbeit „über die Beziehung zwischen dem zweiten Hauptsatz der mechanischen Wärmetheorie und der Wahrscheinlichkeitsrechnung respektive den Sätzen über das Wärmegleichgewicht" zu einer physikalischen Theorie, der Boltzmannschen Gasstatistik.[2])

Wir erläutern sie in etwas modernisierter Darstellung. Man denke sich in die oben erwähnten Zellen des Phasenraumes die N Gasatome verteilt, wobei diese namentlich aufgeführt, also als unterscheidbar vorausgesetzt werden. Jede solche Verteilungsweise nennt Boltzmann eine Komplexion, während wir heute Mikrozustand sagen. Ein Mikrozustand (Komplexion) ist also durch die Angabe charakterisiert, welche Teilchen in welcher Zelle befindlich sind. Demgegenüber ist ein Makrozustand lediglich durch die Auskunft, mit *wievielen* Teilchen jede Zelle besetzt ist, bestimmt. Die Anzahl der Realisierungsmöglichkeiten eines Makrozustandes durch Mikro-

---

[1]) „Über die Beziehung eines allgemeinen mechanischen Satzes zum zweiten Hauptsatz der Wärmetheorie". Sitzungsber. Akad. Wiss. Wien, Abt. II, **75** (1877) 67–73. Nachgedruckt in S. G. Brush, „Kinetische Theorie II" Wissenschaftliche Taschenbücher Bd. 67, Akademie-Verlag, Berlin 1970, S. 240 bis 247.

[2]) Sitzungsber, Akad. Wiss. Wien, Abt. II, **76** (1877) 373–435. Nachgedruckt in L. Boltzmann, Wiss. Abh., Bd. 2, Leipzig 1909, S. 164–223.

zustände bezeichnet Boltzmann als dessen Permutabilität $\mathfrak{P}$.

Sie berechnet sich mit den Besetzungszahlen N_s der Zellen zu

$$\mathfrak{P} = \frac{N!}{\Pi N_s!}, \tag{6}$$

denn es gibt $N!$ Permutationen der N Atome, wobei jedoch jeweils die $N_s!$ Permutationen der Teilchen in der s-ten Zelle zu keinem neuen Mikrozustand führen. Unter Berücksichtigung der für große x gültigen Stirlingschen Formel

$$\log x! = x \log x - x \tag{7}$$

erhält man

$$\log \mathfrak{P} = N \log N - N - \sum_s N_s \log N_s + \sum_s N_s. \tag{8}$$

Wegen

$$\sum_s N_s = N \tag{9}$$

heben sich in (8) zwei Glieder fort. Werden unter Verwendung von (1) Summen durch Integrale ersetzt, so lehrt der Vergleich von (8) und (2), daß $\log \mathfrak{P}$ bis auf einen konstanten Addenden mit der Größe Ω identisch ist, die Boltzmann daher als „Permutabilitätsmaß“ bezeichnet und die somit ihre wahrscheinlichkeitstheoretische Interpretation gefunden hat.

Da nach der kinetischen Theorie Ω sein Maximum im thermodynamischen Gleichgewichtszustand annimmt, ist dieser folglich als derjenige Makrozustand zu charakterisieren, der durch die meisten Mikrozustände realisiert wird, also die größte Permutabilität $\mathfrak{P}$ hat. Das wiederum führt nach Boltzmann zu folgendem Verständnis des Übergangs zum Gleichgewicht und des Wachsens der Größe Ω.[1]) Jeder einzelne, dem thermodynamischen

---

[1]) Wir schließen uns hier eng Boltzmanns Diktion an. Siehe Seite 245 des Literaturzitates in Fußnote 1, Seite 70.

Gleichgewicht entsprechende Mikrozustand, der aus einem beliebigen Anfangszustand nach Ablauf einer bestimmten Zeit entsteht, ist ebenso unwahrscheinlich wie ein einzelner Mikrozustand, bei dem das Gas makroskopisch beliebig weit vom thermodynamischen Gleichgewicht entfernt ist, „geradeso wie im Lottospiel jede einzelne Quinterne ebenso unwahrscheinlich ist, wie die Quinterne 12345". Nur daher, daß es weit mehr dem thermodynamischen Gleichgewichtszustande entsprechende Mikrozustände gibt als andere, stammt die größere Wahrscheinlichkeit, daß mit der Zeit der Makrozustand des Gleichgewichts angenommen wird und Ω zunimmt.

Der Fall, daß etwa alle Gasteilchen plötzlich einer Ecke des Gefäßes zustreben, ist wegen seiner extremen Unwahrscheinlichkeit rein akademisch und „unnatürlich". Derartige geordnete Bewegungen setzen offenbar enge Korrelationen zwischen den Lagen und Geschwindigkeiten der Gasteilchen voraus. Umgekehrt können wir das natürliche Verhalten durch das Fehlen derartiger Korrelationen kennzeichnen. Das ist der Inhalt der „Hypothese von der molekularen Unordnung". Sie geht in BOLTZMANNS kinetische Theorie als Voraussetzung ein und spielt in logischer wie methodologischer Hinsicht eine entsprechende Rolle wie die „Hypothese der natürlichen Strahlung". PLANCK setzt diese seine Hypothese ausdrücklich in Parallele zu der BOLTZMANNschen. Hierauf werden wir später zurückkommen.

Die Berechnung des Maximums von log $\mathfrak{P}$ hat unter den Nebenbedingungen gegebener Teilchenzahl (9) und gegebener Energie

$$\sum_s \varepsilon_s N_s = W \tag{10}$$

zu erfolgen, wobei ε_s die Energie eines in der s-ten Zelle befindlichen Teilchens ist.[1]) Bekanntlich muß man die mit LAGRANGEschen Multiplikatoren $-\alpha$ und $-\beta$ versehenen

[1]) Von der Variation der Energie innerhalb der Zelle wird abgesehen.

Nebenbedingungen der zu maximierenden Funktion hinzufügen und dann das freie Extremum bilden:

$$\frac{\partial}{\partial N_s}\left(\log \mathfrak{P} - \alpha \sum_s N_s - \beta \sum_s \varepsilon_s N_s\right) = 0.$$

Das liefert sofort

$$N_s = \mathrm{e}^{-\alpha-\beta\varepsilon_s}. \tag{11}$$

Wir bemerken, daß

$$\mathfrak{N}_s \Delta p = \frac{4\pi V p_s^2 \Delta p}{\Delta \boldsymbol{x} \Delta \boldsymbol{p}} \tag{12}$$

die Zahl der Zellen ist, welchen der Impulsbetrag p_s zukommt. Denn hier steht im Zähler das von den fraglichen Zellen eingenommene Volumen im Phasenraum, nämlich eine 6-dimensionale Zylinderschale, deren „Grundfläche" die Kugelschale $4\pi p_s^2 \Delta p$ und deren „Höhe" das Gasvolumen V ist. Dividiert durch das Volumen $\Delta \boldsymbol{x} \Delta \boldsymbol{p}$ einer Zelle ergibt sich die gesuchte Anzahl.

Hängt ε_s nur von p_s ab, so ist $\mathfrak{N}_s \Delta p N_s$ die Anzahl der Teilchen mit dieser Energie, und folglich ist deren Beitrag $\mathfrak{u}_s V \Delta p$ zur Gesamtenergie des Gases

$$\mathfrak{u}_s V \Delta p = \varepsilon_s \mathfrak{N}_s \Delta p N_s = \varepsilon_s \frac{4\pi V p_s^2 \Delta p}{\Delta \boldsymbol{x} \Delta \boldsymbol{p}} \mathrm{e}^{-\beta\varepsilon_s} \mathrm{e}^{-\alpha}. \tag{13}$$

Mit Hilfe von (9) kann α eliminiert werden. Man erhält

$$N_s = \frac{N}{Z} \mathrm{e}^{-\beta\varepsilon_s}, \tag{14}$$

wobei

$$Z = \mathrm{e}^{\alpha} N = \sum_r \mathrm{e}^{-\beta\varepsilon_r} = \sum_{\varepsilon_r} \mathfrak{N}_r \,\mathrm{e}^{-\beta\varepsilon_r} \Delta p \tag{15}$$

die sogenannte Zustandssumme ist.

Wir setzen (12) in (15) ein, beachten, daß für klassische einatomige Gasteilchen (der Masse m)

$$\varepsilon_r = p_r^2/2m$$

gilt, und ersetzen die Summe durch das Integral

$$\int_0^\infty p^2 \exp\left(-\frac{\beta p^2}{2m}\right) dp = \frac{1}{4}\sqrt{\pi\left(\frac{2m}{\beta}\right)^3}.$$

Damit ergibt sich die Zustandssumme zu

$$Z = \left(\frac{2\pi m}{\beta}\right)^{3/2} \frac{V}{\Delta \boldsymbol{x} \Delta \boldsymbol{p}}.$$

Der Parameter β läßt sich durch die mittlere Energie $\bar{\varepsilon}$ eines Gasteilchens ausdrücken. Es gilt allgemein

$$\bar{\varepsilon} = W/N = \frac{\sum_s \varepsilon_s N_s}{N} = \frac{\sum_s \varepsilon_s \,\mathrm{e}^{-\beta\varepsilon_s}}{\sum_s \mathrm{e}^{-\beta\varepsilon_s}} = -\frac{\partial \log Z}{\partial \beta}, \tag{16}$$

also in unserem Fall

$$\beta = \frac{3}{2}\frac{1}{\bar{\varepsilon}}.$$

Ferner ergibt eine elementare Betrachtung über die im Zeitmittel auf die Bewandung durch Stöße der Moleküle ausgeübte Kraft für den Druck

$$p = \frac{N}{V}\frac{2}{3}\bar{\varepsilon} = \frac{N}{V}\frac{RT}{L}. \tag{17}$$

Hierbei haben wir an zweiter Stelle die Zustandsgleichung des idealen Gases notiert, wobei R die absolute Gaskonstante, L die Anzahl der in einem Mol vorhandenen Gasteilchen ist. Um, ohne dem historischen Verlauf vorzugreifen, die übliche Bezeichnung verwenden zu können, führen wir

$$k = R/L \tag{18}$$

hier als *Abkürzung* ein. Damit ergibt sich

$$\beta = L/RT = 1/kT. \tag{19}$$

Die mittlere Teilchenenergie und damit auch die Gesamtenergie des einatomigen Gases sind somit der Temperatur proportional,

$$\bar{\varepsilon} = \frac{3}{2} kT, \qquad W = \frac{3}{2} NkT. \tag{20}$$

Die Gleichgewichtsverteilung ist in der Tat die Maxwellsche

$$N_s = \frac{N}{(2\pi m\, kT)^{3/2}\, V} \, \mathrm{e}^{-\beta\varepsilon_s} \, \Delta \boldsymbol{x} \Delta \boldsymbol{p} \tag{21}$$

mit

$$\beta\varepsilon_s = \frac{p_s^{\,2}}{2m\, kT}.$$

Wir stellen nun den wichtigen Zusammenhang zwischen log $\mathfrak{P}$ und der Entropie S her. Nach (20) haben wir

$$\log N_s = -\left(\beta\varepsilon_s + \log\left(VT^{3/2}\right)\right) + C_1,$$

wobei wir hier und im folgenden Konstanten nicht explizit aufschreiben. Unter Berücksichtigung von $\beta \sum \varepsilon_s N_s = \beta\bar{\varepsilon}N = 3N/2 = \text{const}$, sowie unter Beachtung von (9) nimmt (8) jetzt die Form

$$\log \mathfrak{P} = N \log\left(VT^{3/2}\right) + C_2 \tag{22}$$

an. Andererseits ist die vom Gase quasistatisch zugeführte Wärmemenge nach dem ersten Hauptsatz

$$\mathrm{d}Q = N\mathrm{d}\bar{\varepsilon} + p\,\mathrm{d}V = Nk\left(\frac{3}{2}\,\mathrm{d}T + \frac{T}{V}\,\mathrm{d}V\right).$$

Hierbei wurden (20), (17) und (18) berücksichtigt. Damit ergibt sich schließlich für die Entropie

$$S = \int \frac{\mathrm{d}Q}{T} + S_0 = Nk \log\left(VT^{3/2}\right) + S_0$$
$$= k \log \mathfrak{P} + C_3 = k\Omega + C_4. \tag{23}$$

Wir können nun das Ergebnis der Erörterungen mit BOLTZMANNS Worten zusammenfassen: „Es ist daher das Permutabilitätsmaß eine Größe, welche für das Wärmegleichgewicht bis auf einen konstanten Faktor und Addenden mit der Entropie identisch ist, welche aber auch während eines nicht umkehrbaren Prozesses einen Sinn behält, und auch während eines solchen fortwährend zunimmt."[1]) Genau auf diese Feststellung wird sich PLANCK bei der Begründung seines Strahlungsgesetzes Ende 1900 beziehen.

KAPITEL 6

Albert Einstein und das klassische Lichtteilchengas

In diesem Kapitel verwenden wir die Prinzipien der BOLTZMANNschen Gastheorie, um den bereits auf S. 48 geäußerten Gedanken auszuführen, nach dem der tiefere physikalische Hintergrund des WIENschen Strahlungsgesetzes (und auch seiner Behandlung durch PLANCK) eine in sich konsistente klassische Lichtteilchentheorie ist. Wie ebenfalls schon erwähnt, geht sie auf EINSTEIN zurück (1905), und zwar auf dessen berühmte Arbeit: „Über einen die Erzeugung und Verwandlung des Lichts betreffenden heuristischen Gesichtspunkt".[2]) EINSTEINS Argumentation verläuft völlig im Rahmen des WIENschen Gesetzes, auf dessen Gültigkeitsbereich er seine Schlußfolgerungen ausdrücklich einschränkt. Sie ist von der Quantenhypothese PLANCKS (1900) und dessen endgülti-

[1]) Siehe Seite 217 des Literaturzitates in Fußnote 2, Seite 70. Statt Permutabilitätsmaß kann hier offenbar auch log $\mathfrak{P}$, d. h. Logarithmus der Realisierungsmöglichkeiten des Makrozustandes durch Mikrozustände gesagt werden.

[2]) Ann. Physik 17 (1905) 132. Diese Arbeit ist in Bd. 56 dieser Taschenbuchreihe, D. TER HAAR, „Quantentheorie", Akademie-Verlag, Berlin 1970, nachgedruckt und somit bequem zugänglich.

gem Strahlungsgesetz ganz unabhängig. Dieses wird 1905 von EINSTEIN nur als das den experimentellen Befunden am besten entsprechende erwähnt, überdies in urtümlicher Schreibweise (die EINSTEIN allerdings auch in weiteren Veröffentlichungen beibehält). Der Photoeffekt, wie auch Fluoreszenz und Photoionisation stehen nicht im Mittelpunkt der EINSTEINschen Arbeit, sondern dienen in erster Linie zur Unterstützung seiner grundsätzlichen Überlegungen.

Mit EINSTEIN betrachten wir die Entropie und die Energie der Strahlung, die zu einem Frequenzintervall $(\nu, \nu + \Delta\nu)$ gehört:

$$S_\nu = \mathfrak{s}_\nu \Delta\nu V; \qquad W_\nu = \mathfrak{u}_\nu \Delta\nu V. \tag{1}$$

Einsetzen in die für die WIENsche Theorie gültige Beziehung (4,29a) ergibt

$$S_\nu = -\frac{W_\nu}{a\nu} \log \frac{c^3 W_\nu}{8\pi b \nu^3 e \Delta\nu V}.$$

Die Änderung dieser Entropie bei konstantem W_ν ist

$$S_\nu - S_{\nu 0} = \frac{W_\nu}{a\nu} \log \frac{V}{V_0}. \tag{2}$$

Beachten wir andererseits, daß bei einem einatomigen idealen Gas die Energie W der Temperatur T proportional ist, so erhalten wir gemäß (5,23) in Analogie zu (2)

$$S - S_0 = kN \log \frac{V}{V_0} = k \frac{W}{\bar{\varepsilon}} \log \frac{V}{V_0}. \tag{3}$$

Hierdurch werden wir dazu angeregt, die Strahlung des Frequenzintervalls $(\nu, \nu + \mathrm{d}\nu)$ als ein Gas aus Lichtteilchen aufzufassen. Ihre (mittlere) Energie wäre

$$\varepsilon = ak\nu \tag{4}$$

und ihre Anzahl

$$N_\nu = W_\nu / ak\nu. \tag{5}$$

Der entscheidende Satz von EINSTEIN lautet:

„Monochromatische Strahlung von geringer Dichte (innerhalb des Gültigkeitsbereichs der WIENschen Strahlungsformel) verhält sich in wärmetheoretischer Beziehung so, wie wenn sie aus voneinander unabhängigen Energiequanten von der Größe $R\beta\nu/N$ bestünde."[1])

Dieser Schluß ist in zweierlei Hinsicht unbefriedigend. Einmal wird er hier aus einer ganz speziellen Formel gefolgert, zum anderen möchte man die Analogie zwischen dem gewöhnlichen Gas und der Strahlung nicht auf deren monochromatische Anteile beschränkt wissen. Es ist daher wünschenswert, die Konsequenzen des EINSTEINschen Ansatzes vollständig zu entwickeln. Damit verlassen wir freilich die historische Darstellung.

Zunächst wollen wir mit Strahlung der Frequenz ν die Vorstellung von Lichtteilchen verbinden, deren Energie durch (4) gegeben ist, also in leichter Abänderung der obigen Feststellung nicht von mittlerer Energie sprechen. Wird alsdann (4) in die WIENsche Strahlungsformel (4,27) eingesetzt, so nimmt der Exponentialausdruck exp $(-a\nu/T)$ sogleich die in der Gastheorie gefundene Form exp $(-\beta\varepsilon)$ an. Während in EINSTEINS Arbeit das Symbol h überhaupt nicht erscheint, setzen wir im folgenden nur zur Abkürzung

$$ak = aR/L = h. \tag{6}$$

Ferner schreiben wir den Lichtteilchen eine Masse m zu und benutzen die Beziehung $\varepsilon = mc^2$, die EINSTEIN zur selben Zeit in ganz anderem Zusammenhang gefunden hat. Der Impuls der Lichtteilchen ist offenbar $p = mc$. Wird also

$$h\nu = \varepsilon = pc \tag{7}$$

in das WIENsche Strahlungsgesetz (4,27) substituiert, so nimmt es die Gestalt

$$\mathfrak{u}_\nu \mathrm{d}\nu = \mathfrak{u}_p \mathrm{d}p = 2\,\frac{4\pi p^2\,\mathrm{d}p}{h^4/b}\,\varepsilon\,\mathrm{e}^{-\beta\varepsilon} \tag{8}$$

---

[1]) EINSTEIN verwendet die Buchstaben β, N anstatt a bzw. L. Beachte $k = R/L$.

an. Zum Vergleich notieren wir die analoge Beziehung der Gastheorie (5, 13) in der Form

$$\mathfrak{u}_p \,\mathrm{d}p = \frac{4\pi p^2 \,\mathrm{d}p}{\Delta \boldsymbol{x} \Delta \boldsymbol{p}} \,\varepsilon \,\mathrm{e}^{-\beta\varepsilon} \,\mathrm{e}^{-\alpha}. \tag{9}$$

Die Differenzen zwischen diesen beiden einander sehr ähnlichen Formeln sind leicht zu klären. Dem zusätzlichen Faktor 2 gemäß verdoppelt sich die Anzahl der Zustände (Phasenraumzellen) unseres klassischen Lichtteilchens. Dementsprechend besitzt es eine nur zweier Werte fähige innere Variable (den Spin). Das korrespondiert der Zerlegung des monochromatischen Strahlenbündels in zwei zueinander senkrecht linear polarisierte. Außerdem ist die Größe $\Delta \boldsymbol{x} \Delta \boldsymbol{p}$ der Phasenraumzelle zu h^4/b festgelegt. Es besteht unter den gemachten Voraussetzungen noch keine theoretische Notwendigkeit,

$$h = b \tag{10}$$

zu setzen, da in der klassischen Theorie die Größe der Zelle willkürlich ist. Andererseits gestattet diese Willkür, hinfort die für die Quantentheorie notwendige Wahl (10) zu treffen.

Der wichtigste Unterschied zwischen (8) und (9) besteht im Fortfall des Faktors $\mathrm{e}^{-\alpha}$. Er erwies sich im vorigen Kapitel als proportional zu $T^{-3/2}$. WIEN hatte diese T-Abhängigkeit in seiner Anwendung der MAXWELLschen Geschwindigkeitsverteilung von vornherein unterdrückt. Andernfalls wäre er zu der Strahlungsformel

$$\mathfrak{u}_\lambda = C\lambda^{-5}(\lambda T)^{-3/2} \,\mathrm{e}^{-\alpha/\lambda T}$$

gelangt, gegen die sich aber thermodynamische Gründe anführen ließen. Im Teilchenmodell ist die Sachlage sogleich klar, wenn man sich daran erinnert, daß der LAGRANGEsche Multiplikator α eingeführt wurde, um die konstante Teilchenzahl des Gases zu berücksichtigen. $\alpha = 0$ bedeutet somit: Im Photonengas ist die Teilchenzahl variabel!

Um das zu veranschaulichen, kann man daran denken, daß bei Erwärmung der Wände Photonen in erhöhtem Maße emittiert werden. Doch ist im Auge zu behalten, daß bekanntlich derselbe Effekt auch durch adiabatische Komprimierung erzielt werden kann. Jedenfalls steht zu vermuten, daß sich die Teilchenzahl mit der Temperatur erhöht. Zur Bestätigung dessen ermitteln wir die Gesamtteilchenzahl N durch Summation (Integration) über alle Frequenzen (Impulse). Kombination von (4), (5) und (1) liefert

$$\begin{aligned} N &= \sum N_\nu = V \int (\mathfrak{u}_p/\varepsilon)\,\mathrm{d}p \\ &= \frac{8\pi V}{h^3} \int p^2\, \mathrm{e}^{-pc\beta}\,\mathrm{d}p \qquad (11) \\ &= \int \mathfrak{N}_p\, \mathrm{e}^{-\beta\varepsilon(p)}\,\mathrm{d}p = Z, \end{aligned}$$

in Übereinstimmung damit, daß (s. 5, 15) im Falle $\alpha = 0$ Teilchenzahl und Zustandssumme gleich groß sind. Ausführung der Integration ergibt

$$N = Z = \frac{16\pi\, VT^3}{a^3 c^3}, \qquad (12)$$

womit die starke Temperaturabhängigkeit der Teilchenzahl augenfällig wird.

Berechnet man den Druck des klassischen Photonengases nach der Standardformel

$$p = NkT\, \partial \log Z/\partial V, \qquad (13)$$

auf deren Herleitung wir verzichten, so bestätigt sich die für Hohlraumstrahlung zutreffende Relation $p = u/3$.[1]) Andererseits zeigen (12), (13), daß unser Gas formal der Zustandsgleichung $pV = NkT$ gehorcht, wenn unter N der temperaturabhängige Ausdruck (12) verstanden wird.

Um die Intensität $\mathfrak{K}$ eines linear polarisierten, monochromatischen Bündels durch Größen des Teilchenmodells

---

[1]) Die Energiedichte bestimmt man bequem mittels (5, 16).

auszudrücken, wählen wir an Stelle einer formalen Übersetzung eine anschauliche Betrachtung. Wir berechnen die Energie $\mathrm{d}W$, welche Teilchen einer Energie im Intervall von $\varepsilon = pc$ bis $\varepsilon = (p + \mathrm{d}p)c$ und einer Flugrichtung im Raumwinkel $\mathrm{d}\Omega$ während $\mathrm{d}t$ durch ein Flächenelement $\mathrm{d}A$ transportieren. Diese Teilchen nehmen im Impulsraum das Volumen $p^2\,\mathrm{d}\Omega\,\mathrm{d}p$ ein und müssen sich offenbar im Ortsraum in einem schiefen Zylinder mit dem Volumen $\mathrm{d}A\,\cos\vartheta\,c\,\mathrm{d}t$ befinden. Das Produkt dieser beiden Volumina dividiert durch h^3 ergibt die Anzahl der Zellen im Phasenraum, welche von den fraglichen Teilchen besetzt sind. Somit ist

$$\mathrm{d}W = cp\,\frac{\mathrm{d}A\,\cos\vartheta\,c\,\mathrm{d}t\,p^2\,\mathrm{d}\Omega\,\mathrm{d}p}{h^3}\,\overline{N}, \qquad (14)$$

wenn $\overline{N}$ die mittlere Anzahl der Teilchen in einer solchen Zelle ist. Dabei braucht $\overline{N}$ nicht den Gleichgewichtswert $\mathrm{e}^{-\beta\varepsilon}$ zu haben. Vergleich mit (1,1), das sogleich in der Form

$$\mathrm{d}W = \mathfrak{K}(\nu)\,\mathrm{d}A\,\cos\vartheta\,\mathrm{d}t\,\mathrm{d}\Omega\,(c/h)\,\mathrm{d}p \qquad (15)$$

geschrieben werde, ergibt

$$\mathfrak{K}(\nu) = \overline{N}cp^3/h^2 = \overline{N}\varepsilon p^2/h^2. \qquad (16)$$

Der PLANCKsche Ausdruck (4,29b) für die Intensität der Entropiestrahlung schreibt sich damit unter Berücksichtigung von (4), (7), (10)

$$\mathfrak{L} = -\,k\,\frac{p^2}{h^2}\,(\overline{N}\log\overline{N} - \overline{N}). \qquad (17)$$

Die Entropiedichte der Strahlung berechnet sich dann folgendermaßen:

$$s = \frac{2}{c}\int \mathrm{d}\nu \int \mathrm{d}\Omega\,\mathfrak{L} = -\,2k\int \frac{\mathrm{d}p\,p^2}{h^3}\int \mathrm{d}\Omega\,\overline{N}\log\frac{\overline{N}}{\mathrm{e}}$$
$$= -\,2k\int \mathrm{d}\boldsymbol{p}\,\big(f\log(fh^3) - f\big) \qquad (18)$$

($d\boldsymbol{p} = p^2 dp d\Omega$). Der Faktor 2 wurde hinzugefügt, weil sich (17) auf linear polarisierte Strahlung bezog. Ferner haben wir (5,1) sinngemäß modifiziert und die Verteilungsfunktion $f = \overline{N}/h^3$ eingeführt. Wie der Vergleich mit (5,3) zeigt, handelt es sich tatsächlich um die Boltzmannsche Entropiedichte.

Der aus dimensionellen Gründen unschöne Ausdruck $\log f$ ist hier vermieden, und der zusätzliche Term $-f$ hat seinen guten Sinn, weil wegen der Nichterhaltung der Teilchenzahl die Gleichung (5,5) nicht mehr gültig ist.

Die Plancksche Entropie des Oszillators (4,29a) nimmt in unserem Lichtteilchenmodell die Gestalt

$$S = -k\frac{U}{\varepsilon}\log\frac{U}{\varepsilon \mathrm{e}} = -k\bar{n}\log\frac{\bar{n}}{\mathrm{e}} \tag{19}$$

an, wenn wir

$$U/\varepsilon = \bar{n} \tag{20}$$

setzen. Damit wird die Entropie des aus Strahlung und Oszillator bestehenden Gesamtsystems

$$S_{\text{total}} = -k\left[2\int\int\frac{d\boldsymbol{x}\,d\boldsymbol{p}}{h^3}\,\overline{N}\log\frac{\overline{N}}{\mathrm{e}} + \bar{n}\log\frac{\bar{n}}{\mathrm{e}}\right]. \tag{21}$$

Nimmt man die Lichtteilchenhypothese ernst, so muß man annehmen, daß der Oszillator seine Energie durch Emission und Absorption von Strahlung nur sprungweise ändern kann, und zwar um ganzzahlige Vielfache von $\varepsilon = h\nu$. Weitergehend möchte man den Schluß versuchen, daß die Energie des Oszillators selbst aus Quanten der Größe ε zusammengesetzt ist. Dann käme man zur Planckschen Quantisierungsregel, nach welcher der Oszillator nur der diskreten Energiezustände

$$\varepsilon_n = n\varepsilon = nh\nu \tag{22}$$

fähig ist. Dieser Schluß ist keineswegs zwingend, doch wird er in unserem Zusammenhang durch (20) und (21) nahegelegt. Es drängt sich auf, $\bar{n}$ als die mittlere Besetzungszahl des Oszillators im Strahlungsfeld mit Energiequanten zu interpretieren.

Die Gleichgewichtsbedingung (4,24) lautet wegen (7), (16), (20) jetzt einfach

$$\overline{N} = \overline{n},$$

d. h., die mittlere Besetzungszahl einer zur Energie ε gehörenden Phasenraumzelle des Photonengases ist gleich derjenigen des Oszillators mit der Frequenz $\nu = \varepsilon/h$. Dieser Umstand bekräftigt eine Auffassung über die Rolle des PLANCKschen Oszillators im Strahlungsfeld, welche der Ausdruck (21) suggeriert: Der Oszillator kann als ein Zustand interpretiert werden, um den der Phasenraum des Lichtteilchengases künstlich vermehrt worden ist. Teilchen, die in diesen Zustand geraten, scheiden aus dem aktiven Strahlungsgeschehen aus, um an ihm wieder teilzunehmen, wenn sie diesen Zustand verlassen. Was PLANCK als Entropie des *einen* Oszillators definiert, wird auf natürliche Weise als Bestandteil der Entropie des Gesamtsystems verständlich. Dabei hat der Oszillator lediglich die Aufgabe, das BOLTZMANNsche Stoßgeschehen zwischen den Teilchen zu simulieren, das im freien Strahlungsfeld wegen der fehlenden Wechselwirkung nicht stattfindet. In der Tat, geht man von der „kinetischen" zur statistischen Behandlungsweise des vorigen Kapitels über, so führt diese mit den notwendigen Modifikationen von der Konzeption des klassischen Lichtteilchengases ohne die Hilfskonstruktion des Oszillators zwangsläufig zum WIENschen Strahlungsgesetz.

Die innere Logik der Dinge und ihre Explikation im historischen Erkenntnisprozeß gehen hier nicht konform. Von der Logik her gehören die Lichtquantenkonzeption und, wie wir sahen, im Prinzip auch die Quantisierung des harmonischen Oszillators gewissermaßen zum Erbe, das von der WIENschen Strahlungstheorie im endgültigen Besitzstand der Physik aufgehoben ist. Historisch betrachtet war sich aber der Erblasser in keiner Weise bewußt, was er da vermacht hatte. Bezüglich der Lichtquanten wird es erst nachträglich 1905 durch EINSTEIN offenbar, nachdem die (dialektische) Aufhebung der WIENschen Theorie durch PLANCK bereits Ende 1900 erfolgt ist. Die Quantisierung des Oszillators dagegen hat, historisch gesehen, gar keinen Bezug zur WIENschen Theorie, sondern wird 1900 von PLANCK bei der Interpretation seiner eigenen, der endgültigen Strahlungsformel erschlossen. Nun hätte eigentlich von der Quantisierung des Oszillators auf die Lichtquanten geschlossen werden können. Denn setzt sich die Energie des Oszillators aus diskreten Quanten zusammen, so kann er auch nur solche ausstrahlen. Bei diskreter Ausstrahlung wiederum müßte das Licht selbst diskreter Natur sein. Einen solchen Schluß zu ziehen, liegt indessen PLANCK meilenfern. Nachdem EINSTEIN die Lichtquantenhypothese 1905 auf andere Weise konzipiert hatte, spricht er erst 1906 klar aus, „daß Hr. PLANCK in seiner Strahlungstheorie ein neues hypothetisches Element — die Lichtquantenhypothese — in die Physik eingeführt hat“.[1]) Dieser Interpretation seiner Arbeit wird sich aber PLANCK durchaus nicht anschließen.

Das ist insofern verständlich, als die Lichtquantenhypothese in ihrer rohen anschaulichen Form mit den empirisch offen zu Tage liegenden Welleneigenschaften des Lichts unvereinbar ist. Da die WIENsche Theorie vollständig in den Begriffen einer derartigen anschaulichen klassischen Lichtteilchentheorie interpretierbar ist, versteht sich, daß sie nur von begrenztem Wahrheitsgehalt sein kann. Weil aber, wie gesagt, in der endgültigen Theorie der korpuskulare Aspekt aufgehoben (bewahrt) ist, kann auch die klassische, anschauliche Wellentheorie nicht ohne Einschränkung zutreffen. Die Ironie der Historie besteht darin, daß PLANCK 1899/1900 faktisch klassische Lichtteilchentheorie betreibt. Er selbst meint natürlich die Wellentheorie der Strahlung zu bearbeiten, die er wiederum faktisch verfehlt. Wie bei konsequenter An-

---

[1]) A. EINSTEIN, „Zur Theorie der Lichterzeugung und Lichtabsorption“, Ann. Physik **20** (1906) 203.

wendung der Wellentheorie ganz andere Ergebnisse für das Problem der Hohlraumstrahlung folgen, werden wir im folgenden zeigen.

KAPITEL 7

Lord Rayleigh und die Eigenschwingungen des Hohlraums

Von der ursprünglichen Vorstellung WIENS über Teilchen in Wechselwirkung mit der Strahlung sind wir zu dem Modell der Strahlung als eines aus Lichtteilchen bestehenden Gases gelangt. Ebenso kann der Oszillator, statt ihn mit PLANCK in Wechselwirkung mit der Strahlung zu betrachten, als Bestandteil dieser selbst aufgefaßt werden, als elektromagnetische Eigenschwingung des spiegelnden Hohlraums. Die Behandlung der Hohlraumstrahlung unter diesem Begriff geht auf RAYLEIGH zurück. Anlaß zu seinem grundlegenden Artikel, der im Textteil nachgedruckt ist, war eine ihn sehr unbehaglich anmutende Folgerung aus dem WIENschen Strahlungsgesetz. Bei dessen unbeschränkter Gültigkeit würde nämlich die Energiedichte eines bestimmten Farbintervalls mit der Temperatur nicht beliebig wachsen, sondern sich asymptotisch einem endlichen Grenzwert ($8\pi b\nu^3 c^{-3}\Delta\nu$) nähern. PLANCK meinte zur selben Zeit, dieses „scheinbare Paradoxon“ noch mit der Hypothese der natürlichen Strahlung erklären zu können.[1])

In methodischer Hinsicht knüpft RAYLEIGH an seine Untersuchungen über die Vibrationen einer eingeschlossenen Luftmasse an. Er verweist auf sein Standardwerk „The Theory of Sound“ (1877/78), das heute noch nach 100 Jahren im praktischen Gebrauch ist, und betrachtet jetzt in Analogie zu den Luftschwingungen die „ätheri-

[1]) M. PLANCK, „Entropie und Temperatur strahlender Wärme“, Ann. Physik 1 (1900) 719–739, s. Pl. I, 674.

schen Vibrationen". Man kann statt dessen auch von stehenden Wellen sprechen, die sich durch Überlagerung von einfallenden und an den Wänden reflektierten Wellen ausbilden. Je nach der Natur der Wellen und der Wände bedingen nämlich die Grenzbedingungen, daß an der Wand Knoten oder Bäuche existieren müssen. Im Fall des Schalls z. B. kann eine Grenzbedingung besagen, daß die Luft an der Wand keine zu ihr normale Geschwindigkeitskomponente haben kann. Die Forderung, daß die Wand etwa eine Knotenfläche ist, kann bei gegebenem Volumen V ersichtlich nicht mit beliebiger Wellenlänge λ erfüllt werden. So erhebt sich die Frage, wieviele Wellen aus einem Intervall $(\lambda, \lambda + d\lambda)$ überhaupt unter den gegebenen Bedingungen existieren können.[1]) Aus rein dimensionellen Gründen wird man erwarten, daß die Zahl der möglichen Wellen proportional zu $V\lambda^{-4}\, d\lambda$ ist. Wie wir sehen werden, ist tatsächlich in Frequenzschreibweise

$$\mathfrak{N}_\nu \, d\nu = \frac{8\pi\nu^2}{c^3} V \, d\nu \tag{1}$$

die Zahl der möglichen stehenden Wellen im Frequenzintervall $(\nu, \nu + d\nu)$. Das ist aber gerade der von PLANCK so mühselig gefundene Term, mit dem sich die gesamte Energie dieses Intervalls nach Multiplikation mit der mittleren Energie U eines Oszillators der Eigenfrequenz ν ergibt. Wegen der neuen Interpretation von (1) muß also U auch als mittlere Energie einer stehenden Welle, einer Eigenschwingung des Hohlraums von der Frequenz ν, aufgefaßt werden können.[2])

Um das etwas genauer zu durchschauen, stellen wir die elektrische und magnetische Feldstärke $\boldsymbol{E}$ und $\boldsymbol{H}$ der

---

[1]) In dieser Formulierung ist die Frage sinnvoll, wenn die linearen Abmessungen des Volumens sehr groß gegen λ sind, so daß im Intervall $d\lambda$ schon viele der möglichen Wellen enthalten sind.

[2]) Wir erinnern daran, daß (1) auch gleich der Anzahl derjenigen Zellen im Phasenraum der Lichtteilchen war, zu denen eine Energie des Intervalls $(\varepsilon, \varepsilon + d\varepsilon)$ gehört. Die Anzahl der Zellen ist also gleich der Anzahl der Wellen.

Hohlraumstrahlung gemäß

$$\boldsymbol{E} = -\frac{1}{c}\frac{\partial}{\partial t}\boldsymbol{A}; \qquad \boldsymbol{H} = \operatorname{rot}\boldsymbol{A}$$

mit Hilfe des Vektorpotentials $\boldsymbol{A}$ dar, das seinerseits den Gleichungen

$$\boldsymbol{A} = -\frac{1}{c^2}\frac{\partial^2 \boldsymbol{A}}{\partial t^2}, \qquad \operatorname{div}\boldsymbol{A} = 0 \tag{2}$$

genügt. Der Einfachheit halber sei der Hohlraum würfelförmig in $0 \leqq x, y, z \leqq L$. An den Wänden, die hier ideal spiegelnd sein sollen, müssen aus Stetigkeitsgründen die Tangentialkomponente von $\boldsymbol{E}$ und die Normalkomponente von $\boldsymbol{H}$ verschwinden.

Wie man sich leicht überzeugt, ist das erfüllt, wenn wir eine Überlagerung stehender Wellen

$$\boldsymbol{A} = \sum_{\boldsymbol{n}} q_{\boldsymbol{n}}(t)\, \boldsymbol{A}_{\boldsymbol{n}}(x, y, z) \tag{3}$$

annehmen, wobei $\boldsymbol{A}_{\boldsymbol{n}}$ folgende Komponenten hat:

$$\begin{aligned} A_{\boldsymbol{n}x} &= a_{\boldsymbol{n}1} \cos\frac{n_1 \pi x}{L} \sin\frac{n_2 \pi y}{L} \sin\frac{n_3 \pi z}{L} \\ A_{\boldsymbol{n}y} &= a_{\boldsymbol{n}2} \sin\frac{n_1 \pi x}{L} \cos\frac{n_2 \pi y}{L} \sin\frac{n_3 \pi z}{L} \\ A_{\boldsymbol{n}z} &= a_{\boldsymbol{n}3} \sin\frac{n_1 \pi x}{L} \sin\frac{n_2 \pi y}{L} \cos\frac{n_3 \pi z}{L}. \end{aligned} \tag{4}$$

Der Vektor $\boldsymbol{n}$ hat hierbei die ganzzahligen Komponenten $n_1, n_2, n_3 = 0, 1, 2, 3, \ldots$ Zu verschiedenen Vektoren $\boldsymbol{n}$ und $\boldsymbol{m}$ gehörige Entwicklungsglieder erweisen sich unschwer als orthogonal zueinander:

$$\int_0^L \int_0^L \int_0^L \mathrm{d}x\, \mathrm{d}y\, \mathrm{d}z\, \boldsymbol{A}_{\boldsymbol{n}} \cdot \boldsymbol{A}_{\boldsymbol{m}} = 0 \qquad \text{für} \quad \boldsymbol{m} \neq \boldsymbol{n}. \tag{5}$$

Die Wellengleichung (2) erfordert nun

$$\sum_{n}\left[\frac{(n_1^2+n_2^2+n_3^2)\,\pi^2}{L^2}\,q_n+\frac{1}{c^2}\,\ddot{q}_n\right]\boldsymbol{A}_n=0,$$

wobei die Summanden für sich verschwinden müssen, wie man durch Multiplikation mit $\boldsymbol{A}_m$ und Integration unter Beachtung von (5) sieht. Es handelt sich somit um Schwingungen mit den Kreisfrequenzen

$$\omega_n^2=\frac{c^2\pi^2}{L^2}\,(n_1^2+n_2^2+n_3^2), \tag{6}$$

und damit kann man

$$\Delta\boldsymbol{A}_n+\omega_n^2\,c^{-2}\boldsymbol{A}_n=0 \tag{7}$$

schreiben.

Die zweite Gleichung (2) führt auf

$$\operatorname{div}\boldsymbol{A}_n=0;\; a_{n1}n_1+a_{n2}n_2+a_{n3}n_3=\boldsymbol{a}_n\cdot\boldsymbol{n}=0 \tag{8}$$

aus analogen Gründen wie oben für jedes $\boldsymbol{n}$. Offensichtlich kann man zu einem gegebenen Vektor $\boldsymbol{n}$ zwei Vektoren $a_n^{(1)}$, $a_n^{(2)}$ finden, die auf $\boldsymbol{n}$ und aufeinander senkrecht stehen. Nachdem mit diesen Vektoren die Teilwellen aus jeweils zueinander senkrecht linear polarisierten aufgebaut worden sind, können wir die Beziehung (5) ausführlicher und ergänzend wie folgt formulieren:

$$\int \mathrm{d}V\,\boldsymbol{A}_n^{(i)}\cdot\boldsymbol{A}_m^{(j)}=4\pi c^2\,\delta_{mn}\,\delta^{(i)(j)};\quad i,j=1,2. \tag{9}$$

Mit der Normierung auf $4\pi c^2$ haben wir willkürlich über die Beträge der Vektoren $a_n^{(i)}$ verfügt. Das ist aber erlaubt, weil nur das Produkt $q_n^{(i)}a_n^{(i)}$ von Belang ist. Für die Berechnung der Feldenergie

$$W=\frac{1}{8\pi}\int(\boldsymbol{E}^2+\boldsymbol{H}^2)\,\mathrm{d}V$$

$$=\frac{1}{8\pi}\int\left(\frac{1}{c^2}\,\dot{\boldsymbol{A}}^2+(\operatorname{rot}\boldsymbol{A})^2\right)\mathrm{d}V$$

sei der Hinweis gegeben, daß mittels partieller Integration unter Beachtung von (8), (7), (9) folgende Relation verifiziert werden kann:

$$\int \mathrm{d}V\,(\operatorname{rot}\boldsymbol{A}_m^{(i)}\cdot\operatorname{rot}\boldsymbol{A}_n^{(j)})$$
$$= \int \mathrm{d}V\,\boldsymbol{A}_m^{(i)}\,(\operatorname{grad}\operatorname{div}\boldsymbol{A}_n^{(j)} - \Delta\boldsymbol{A}_n^{(j)}) = 4\pi\,\omega_n^2\,\delta_{mn}\,\delta^{(i)(j)}.$$

Sodann findet man für die gesamte Feldenergie ohne Schwierigkeit

$$W = \frac{1}{2}\sum_n\sum_{(i)=1}^{2}(\dot{q}_n^{(i)2} + \omega_n^2 q_n^{(i)2}). \qquad (10)$$

Hiermit tritt die grundlegende Bedeutung, die der harmonische Oszillator für das gesamte Strahlungsproblem hat, deutlich zutage: In energetischer Hinsicht verhält sich die Strahlung so wie ein System wechselwirkungsfreier harmonischer Oszillatoren.[1]) Ähnlich wie im Teilchenmodell der Plancksche Oszillator gewissermaßen als eine zusätzliche, präparierte Phasenraumzelle (Teilchenzustand) erschien, ist er auf dem Hintergrund des soeben beschriebenen Sachverhalts als hypostasierte Eigenschwingung (stehende Welle) zu betrachten. So versteht sich, daß Planck zu demselben Term gelangte, wie er jetzt durch die Relation (1) gegeben ist.

Während sich aber Plancks Gedankengang sehr langwierig gestaltete, können wir nun die Beziehung (1) auf einfache Weise verifizieren. Aus (6) in der Form

$$n^2 = n_1^2 + n_2^2 + n_3^2 = (2\nu L/c)^2$$

ist ersichtlich, daß zu jedem Tripel natürlicher Zahlen eine Eigenfrequenz des Hohlraumes gehört. Die Anzahl der Eigenfrequenzen zwischen 0 und ν ist dann gleich der Anzahl der ganzzahligen Gitterpunkte im ersten Oktanten einer Kugel des Radius $n = (2\nu L/c)$, also bei großem L

---

[1]) Wollte man die Strahlung gleichermaßen als Lichtteilchengas auffassen, so müßte man wiederum die Energie jedes Oszillators aus diskreten Quanten $\varepsilon = h\nu$ zusammensetzen.

(s. Fußnote 1, S. 86) angenähert gleich dem Volumen dieser Achtelkugel selbst. Ebenso ist die Anzahl der Eigenfrequenzen zwischen ν und $\nu + d\nu$ gleich dem Volumen einer Achtelkugelschale vom gleichen Radius und der Dicke $2L\, d\nu/c$. Beachtet man noch, daß wegen der Polarisationsverhältnisse zu jeder Eigenfrequenz zwei Eigenschwingungen (stehende Wellen) gehören, so wird man mit $L^3 = V$ auf (1) geführt. Dieses für den Würfel hergeleitete Ergebnis muß aber von der Form des Hohlraums unabhängig sein, da andernfalls entgegen unserem Wissen über die schwarze Strahlung $\mathfrak{u}_\nu$ von der Form des Hohlraums abhinge.[1])

Der zweite wesentliche Gedanke RAYLEIGHS besteht darin, die mittlere Energie U einer Eigenschwingung nach dem Verfahren der BOLTZMANNschen Gasstatistik zu ermitteln. Es wird also gewissermaßen der Anteil eines bestimmten Frequenzintervalls zur Strahlung als ,,Gas unabhängiger Oszillatoren" behandelt. An die Stelle der N Gasteilchen treten die $\mathfrak{N}_\nu \Delta\nu$ Oszillatoren. Der von den Orts- und Impulskoordinaten x, y, z, p_x, p_y, p_z aufgespannte Phasenraum des Gasteilchens wird ersetzt durch die zweidimensionale q-$\dot{q}$-Phasenebene des Oszillators. Ansonsten läuft das Programm in genau denselben Schritten wie in Kapitel 5 ab. Es gilt daher die fundamentale Formel (5,16)

$$\bar{\varepsilon} \equiv U = \frac{\sum \varepsilon_s\, e^{-\beta\varepsilon_s}}{\sum e^{-\beta\varepsilon_s}} = -\frac{\partial}{\partial\beta} \log Z. \qquad (11)$$

Die Zustandssumme $Z = \sum e^{-\beta\varepsilon_s}$ wird wieder durch ein Integral ersetzt. Da die Energie eines Oszillators $\varepsilon = (\dot{q}^2 + \omega^2 q^2)/2$ ist, gelangen wir zu

$$Z = \frac{1}{\Delta q \Delta\dot{q}} \int_{-\infty}^{\infty}\int_{-\infty}^{\infty} dq\, d\dot{q}\; e^{-\beta(\dot{q}^2+\omega^2 q^2)/2} = (\beta\nu\Delta q\Delta\dot{q})^{-1}. \qquad (12)$$

[1]) Diese Bemerkung macht natürlich einen mathematischen Beweis nicht überflüssig. Er wurde von H. WEYL 1912 geführt, glücklicherweise, denn ein Gegenbeweis hätte den zweiten Hauptsatz in Frage gestellt.

Nach (11) ist dann $U = 1/\beta$. Darf nun hier für $1/\beta$ der Wert kT verwendet werden, wie er durch Inspektion eines ganz speziellen Systems, des einatomigen idealen Gases gewonnen wurde? Das ist in der Tat der Fall. Es ist nicht schwer zu zeigen, daß β der für das thermische Gleichgewicht maßgebende Parameter und deshalb eine universelle Funktion der Temperatur ist, zu deren Bestimmung die Untersuchung *eines* geeigneten Systems ausreicht.

Im vorliegenden Fall können wir einfacher argumentieren, daß nach dem gewählten Verfahren jedenfalls U von der Frequenz unabhängig, also $U = U(T)$ ist, während andererseits das Verschiebungsgesetz $U = \nu\varphi(T/\nu)$ erfordert. Daraus folgt aber

$$U = kT \tag{13}$$

(wobei diese Argumentation den richtigen Wert $k = R/L$ natürlich nicht liefert).

Einsetzen von (13) in Plancks fundamentale Formel (4,19) ergibt das sogenannte Rayleigh-Jeanssche Strahlungsgesetz

$$\mathfrak{u}_\nu = 8\pi\nu^2 c^{-3} kT. \tag{14}$$

Dieses Gesetz ist unvernünftig, denn es führt nach Integration über alle Frequenzen zu einer unendlich großen Energiedichte der Strahlung. Rayleigh schränkt seine Gültigkeit daher ausdrücklich auf den Bereich hoher Temperaturen und großer Wellenlängen ein. Für diesen Bereich wird (14) als asymptotisches Gesetz bereits durch die Messungen von Kurlbaum und Rubens qualitativ bestätigt. Wie aus dem nachgedruckten Text ersichtlich, nimmt Rayleigh als vollständiges Strahlungsgesetz nicht (14), sondern (in unserer Schreibweise)

$$\mathfrak{u}_\nu = 8\pi\nu^2 c^{-3}\, kT\, \mathrm{e}^{-a\nu/T} \tag{15}$$

an. Es ist falsch, aber nicht unvernünftig, denn es führt im Unterschied zu (14) nicht zur Divergenz der Gesamtenergie, zur „Ultraviolettkatastrophe“.

Diese beschwor nicht RAYLEIGH, sondern erst JEANS (1905) herauf, als er das Strahlungsgesetz (14) für alle Frequenzen verbindlich erklärte, und, da ihm die Natur schlechterdings nicht folgen kann, postulierte, es stelle sich eben in der Strahlung kein thermodynamischer Gleichgewichtszustand ein. Entgegen der selbst von seriösen Autoren geäußerten Meinung konnte die erst 1905 präsent werdende Ultraviolettkatastrophe im Jahre 1900 überhaupt keine Rolle bei der Diskussion um das Strahlungsgesetz spielen.

Die Ursache der Ultraviolettkatastrophe ist natürlich die Frequenzunabhängigkeit der mittleren Energie U, was wiederum Ausdruck des von RAYLEIGH als „MAXWELL-BOLTZMANNsche Doktrin" bezeichneten Gleichverteilungssatzes ist.[1]) Während aus der klassischen Lichtteilchenkonzeption eine zwar unzutreffende aber konsistente Strahlungsformel folgt (die WIENsche), scheint die Wellentheorie zu einem prinzipiell unvernünftigen Ergebnis zu führen.[2]) Um dem nachzugehen, greifen wir noch einmal die Hypothese der „natürlichen Strahlung" auf.

---

[1]) Dieser Gleichverteilungssatz besagt: Hat die Energie des statistischen Individuums (Gasmoleküls, Oszillators oder was auch immer) die Form

$$\varepsilon = \sum_{i=1}^{f} a_i \xi_i^2 ,$$

und rangieren die Variablen ξ_i kontinuierlich zwischen $-\infty$ und $+\infty$, so berechnet sich die Zustandssumme gemäß

$$Z = \frac{1}{\Pi\, \Delta\xi_i} \int_{-\infty}^{\infty} \cdots \int_{-\infty}^{\infty} d\xi_1 \ldots d\xi_f \, e^{-\beta\varepsilon} = \beta^{-f/2} \prod_{i=1}^{f} \frac{1}{\sqrt{a_i}\, \Delta\xi_i} \int_{-\infty}^{\infty} e^{-\eta^2}\, d\eta ,$$

und die mittlere Energie beträgt damit

$$\bar{\varepsilon} = -\frac{\partial \log Z}{\partial \beta} = \frac{f}{2\beta} = \frac{f}{2} kT .$$

[2]) Wenn RAYLEIGH in (15) diese Schwierigkeit mit Hilfe des Exponentialfaktors beseitigt, so handelt es sich um eine ad hoc Annahme ohne theoretische Begründung.

PLANCK denkt sich eine Komponente des elektrischen Feldes an einem festen Ort im Zeitintervall $(-\mathcal{T} < t < \mathcal{T})$ als FOURIER-Reihe dargestellt,

$$E = \sum_n A_n \sin\left(\pi n \frac{t}{\mathcal{T}} + \alpha_n\right). \tag{16}$$

In ihrer starken Formulierung besagt dann die Hypothese, daß die Amplituden A_n und Phasen α_n der Partialschwingungen keinerlei Korrelationen aufweisen, „sondern absolut unregelmäßig im Sinne der Wahrscheinlichkeitsrechnung angeordnet sind“.[1]) In der schwachen Formulierung wird das nur von den Amplituden und Phasen der Partialschwingungen ausgesagt, welche zu einem schmalen Frequenzband $B = (\nu, \nu + \Delta\nu)$ gehören.

Eine sachgemäße Präzisierung erfährt die Hypothese, wenn man sie auf die Amplituden und Phasen der in diesem Kapitel behandelten Eigenschwingungen

$$q_\mu = A_\mu \sin(\omega_\mu t + \alpha_\mu) = \frac{\sqrt{2}}{\omega_\mu} (a_\mu \sin \omega_\mu t + b_\mu \cos \omega_\mu t) \tag{17}$$

bezieht. In dieser Schreibweise wird die Strahlungsenergie des Frequenzbandes B gemäß (10)

$$W_\nu = \sum_B (a_\mu{}^2 + b_\mu{}^2) = \mathfrak{N}_\nu \Delta\nu \overline{(a_\mu{}^2 + b_\mu{}^2)}^B = \mathfrak{N}_\nu \Delta\nu U. \tag{18}$$

In ihrer schwachen Formulierung impliziert die präzisierte Hypothese von der natürlichen Strahlung, daß sich die Individuen des „Oszillatorengases“, welches dem Frequenzintervall B korrespondiert, regellos über ihre q-$\dot{q}$-Phasenebene verteilen. Die Hypothese entspricht daher genau dem Postulat der „molekularen Unordnung“, d. h. der regel- und korrelationslosen Verteilung wirklicher Gasteilchen über ihren 6-dimensionalen Phasen-

[1]) M. PLANCK, „Über die Natur des weißen Lichts“, Ann. Physik 7 (1902) 390–400, s. Pl. I, 771.

raum, wie sie für das „natürliche“ Verhalten des Gases charakteristisch ist.

Da sich der Index μ auf die Eigenfrequenz bezieht, schließt die starke Formulierung der Hypothese insbesondere eine systematische Frequenzabhängigkeit der Größen A_μ, α_μ bzw. a_μ, b_μ aus. Dann muß in (18) der Mittelwert auch frequenzunabhängig sein. Das aber führt, wie wir sahen, zum RAYLEIGH-JEANSschen Strahlungsgesetz (14). Da jedoch PLANCK dieses inkonsistente Gesetz nicht ableitet, kann man schließen, daß er jedenfalls von der starken Hypothese der natürlichen Strahlung keinen konsequenten Gebrauch macht.

Etwas Entsprechendes läßt sich auch in Bezug auf die schwache Hypothese sagen, wenn auch nicht auf so direkte Weise wie im vorigen Absatz. Wir wollen davon ausgehen, daß die Regellosigkeit der natürlichen Strahlung bekanntlich auf der Regellosigkeit der Elementarakte beruht, durch die sie erzeugt wird. Der schwachen Hypothese tragen wir Rechnung, indem wir uns für einige orientierende Betrachtungen idealisierend auf monochromatische Wellen beschränken. Sie mögen von unkorrelierten Punktquellen mit stochastischen Phasen emittiert werden.

Die Polarisationseigenschaften nicht beachtend, stellen wir die Lichterregung ψ im Aufpunkt P als Überlagerung derartiger Elementarwellen dar:

$$\psi = \sum_M a_M \exp i(kr_M + \alpha_M - \omega t). \tag{19}$$

Es ist $k = 2\pi/\lambda$ und r_M der Abstand der M-ten Quelle zum Aufpunkt P. Wie üblich messen wir die Lichtintensität durch

$$J = \psi\psi^* = \sum_M a_M{}^2 + \sum_{M \neq N}\sum \exp i\,[k(r_M - r_N) + \alpha_M - \alpha_N]. \tag{20}$$

Hier wird sich der Interferenzterm (die Doppelsumme) praktisch von selbst herausmitteln, m. a. W., die gemessene Intensität ist

$$\bar{J} = \sum_M a_M{}^2. \tag{21}$$

Das natürliche Licht ist inkohärent.

Gleichwohl treten räumliche Intensitätsschwankungen auf. Bezeichnet J' die Intensität an einem anderen Punkt P', $r_K{}'$ den Abstand der K-ten Quelle zu diesem Punkt, so findet man leicht

$$\overline{JJ'} = \sum_M \sum_K a_M{}^2 a_K{}^2$$
$$+ \sum_{M \neq K} \sum a_M{}^2 a_K{}^2 \exp ik\,(r_M - r_M{}' + r_K - r_K{}'). \tag{22}$$

Der zweite Term zeigt an, daß die Intensitäten an verschiedenen Raumpunkten nicht gänzlich unabhängig voneinander sind. Das gibt zu der Frage Anlaß, ob der Fehler in PLANCKS letzter Ableitung des WIENschen Gesetzes darin besteht, daß er seine Oszillatoren an verschiedenen Stellen des Strahlungsfeldes als völlig unabhängig voneinander behandelt hat. Es ist aber abzusehen, und eine genauere Untersuchung bestätigt es, daß die erwähnten Korrelationen kurzreichweitig sind und der strahlungserfüllte Hohlraum in Bezirke eingeteilt werden kann, die praktisch unabhängig voneinander fluktuieren. Daher ist in diesem Punkt PLANCKS Verfahren als gerechtfertigt zu bezeichnen.

Trotzdem verfehlt dieses Verfahren, das ja de facto zum klassischen Lichtteilchengas führt, den Wellenaspekt des Lichts. Nach (21), (22) ist das mittlere Schwankungsquadrat der Intensität an einem festen Punkt

$$\overline{(\Delta J)^2} = \overline{(J - \bar{J})^2} \simeq \bar{J}^2. \tag{23}$$

Nun kann man eigentlich nicht von der Intensität rein monochromatischer Wellen sprechen, wie sie hier idealisierend vorausgesetzt wurden. Wir haben es vielmehr stets mit einem Frequenzband $\Delta\nu$ zu tun. Da die Anzahl der Freiheitsgrade, die den Strahlungszustand des Bereiches $\Delta\nu$ im Volumen V bestimmen, $\mathfrak{N}_\nu \Delta\nu$ beträgt, liegt es nahe, unter $\bar{J}$ den mittleren Beitrag eines solchen Freiheitsgrades zur Energie dieses Frequenzbandes zu verstehen, also $\bar{J}$ proportional U zu setzen. Das führt uns auf folgende Gestalt des Schwankungsquadrats für die Energie der RAYLEIGHschen Eigenschwingungen:

$$\overline{(\Delta\varepsilon)^2} = \overline{(\varepsilon - U)^2} = U^2. \tag{24}$$

Wir wollen nun zeigen, daß diese Form des Schwankungsquadrats, und damit aber die klassische Wellentheorie des Lichts insgesamt, nur mit dem RAYLEIGH-JEANSschen Strahlungsgesetz (14) vereinbar ist. Zu diesem Zweck geben wir der Problematik eine etwas andere Wendung und greifen auf die fundamentale Formel (11) für das „Gas" der Eigenschwingungen zurück. Differentiation nach β liefert

$$\frac{\partial U}{\partial \beta} = -kT^2 \frac{\partial U}{\partial T} = -\frac{\sum \varepsilon_s{}^2\, e^{-\beta\varepsilon_s}}{\sum e^{-\beta\varepsilon_s}} + \left[\frac{\sum \varepsilon_s\, e^{-\beta\varepsilon_s}}{\sum' e^{-\beta\varepsilon_s}}\right]^2.$$

Aus $1/T = \partial S/\partial U$ folgt aber

$$-T^2 \frac{\partial U}{\partial T} = \left(\frac{\partial^2 S}{\partial U^2}\right)^{-1}.$$

Damit erhalten wir die wichtige Beziehung

$$\overline{\varepsilon^2} - U^2 = \overline{(\Delta\varepsilon)^2} = -k \left(\frac{\partial^2 S}{\partial U^2}\right)^{-1}. \tag{25}$$

Hieraus ist zunächst die große Bedeutung der von PLANCK benutzten zweiten Ableitung der Entropie nach der Energie ersichtlich. Obwohl für den Gleichgewichtszustand gebildet, ergibt sie sogleich die mittlere quadratische Energieschwankung einer RAYLEIGHschen Eigenschwingung oder, was auf dasselbe hinausläuft, eines PLANCKschen Oszillators.

Wir kombinieren jetzt (25) mit (24) und erbringen durch

Integration den Beweis unserer Behauptung, daß (24) das RAYLEIGH-JEANSsche Gesetz erfordert:

$$\frac{1}{T} = \frac{\partial S}{\partial U} = \frac{k}{U}, \qquad U = kT.$$

Nochmalige Integration ergibt

$$S = k \log U/\varepsilon \tag{26}$$

(wobei die *Integrationskonstante* ε aus verschiedenen Gründen proportional zu ν sein muß).

(26) widerspricht natürlich der PLANCKschen Entropiedefinition (4,29a). Letztere führt im Gegensatz zu (24) auf

$$\overline{(\Delta\varepsilon)^2} = -k\left(\frac{\partial^2 S}{\partial U^2}\right)^{-1}_{\text{WIEN}} = \varepsilon U. \tag{27}$$

Allerdings ist in diesem Falle die oben gegebene Begründung der Relation (25) unangemessen, denn sie setzt das durch die Formeln (11) und (12) gekennzeichnete Verfahren voraus, und dieses läßt sich schlecht so modifizieren, daß es $U = b\nu \exp(-aT/\nu)$ statt $U = kT$ liefert. Wir werden jedoch in anderem Zusammenhang zeigen, daß unabhängig vom Strahlungsgesetz

$$-k\left(\frac{\partial^2 S_\nu}{\partial W_\nu^2}\right)^{-1} = \overline{(\Delta W_\nu)^2} \tag{28}$$

gilt, wobei wie oben S_ν, W_ν die Entropie bzw. Energie eines Frequenzbereiches $(\nu, \nu + \Delta\nu)$ der Hohlraumstrahlung bedeutet. Ebenso allgemein trifft wegen $W_\nu = \mathfrak{N}_\nu \Delta\nu U$ die Beziehung

$$\frac{\partial^2 S_\nu}{\partial W_\nu^2} = \frac{\partial^2 S}{\partial U^2} \frac{1}{\mathfrak{N}_\nu \Delta\nu} \tag{29}$$

zu, desgleichen

$$\overline{(\Delta W_\nu)^2} = \mathfrak{N}_\nu \Delta\nu \overline{(\Delta\varepsilon)^2}, \tag{30}$$

weil sich die Schwankungsquadrate unabhängig fluktuierender Größen addieren. (28), (29), (30) ergeben aber (25).

Wie es jetzt ersichtlich ist, macht PLANCK implizit eine Annahme über die obwaltende Statistik, und zwar über die quadratische Energieschwankung in der Strahlung, wenn er über $\partial^2 S/\partial U^2$ verfügt. Eine direkte „Entropiedefinition“, $S = S(U)$, hat natürlich dieselbe Bedeutung. Sie führt zu einer definitiven Antwort auf die Frage nach der spektralen Energieverteilung und trägt somit dem Umstand hinreichend Rechnung, daß es sich eigentlich um eine Frage an die statistische Physik handelt. Die Statistik der natürlichen Strahlung von klassischem Wellencharakter erweist sich aber mit der Entropiedefinition (26) identisch, die wiederum zum RAYLEIGH-JEANSschen Strahlungsgesetz führt.

PLANCKS Ansatz verfehlt demgegenüber seine eigene Intention. Daß er, wie wir wissen, dem klassischen Teilchenmodell des Lichts entspricht, ist in unserem Zusammenhang anhand des relativen Schwankungsquadrats

$$\sigma = \overline{(\Delta W_\nu)^2}/W_\nu^2 \tag{31}$$

ersichtlich. Es kann mit Hilfe der angegebenen Formeln leicht berechnet werden. Man erhält

$$\sigma_{\text{WIEN}} = \frac{\varepsilon}{W_\nu} = \frac{1}{N_\nu}, \tag{32}$$

wobei N_ν bekanntlich die Anzahl der Lichtteilchen ist. Die relativen Schwankungen sind also umso größer, je weniger Lichtteilchen beteiligt sind.

Dagegen werden im RAYLEIGHschen Fall die Schwankungen durch die Anzahl der Eigenschwingungen, der stehenden Wellen bestimmt. Denn es ist hier

$$\sigma_{\text{RAYLEIGH}} = \frac{1}{\mathfrak{N}_\nu \Delta\nu}. \tag{33}$$

KAPITEL 8

Max Planck und das endgültige Strahlungsgesetz

Vergegenwärtigt man sich, wie Plancks starkes Engagement für die Wiensche Spektralformel mit der experimentellen Widerlegung ihrer Allgemeingültigkeit zeitlich geradezu parallel verlief, so versteht man, daß er in eine prekäre Lage geraten war. Da überdies bereits empirische Formeln aufgestellt und diskutiert wurden, welche die experimentellen Befunde besser als die Wiensche wiederzugeben versprachen, war es für Planck geradezu eine Sache der Ehre, selbst eine derartige Formel darzubieten. Das geschieht in der denkwürdigen Sitzung der Physikalischen Gesellschaft vom 19. Oktober 1900.

Hier folgt Trivialem und Tragikomischem das historische Ereignis. Emil Warburg eröffnet die Sitzung mit geschäftlichen Mitteilungen, empfiehlt z. B. den Institutsbibliotheken, die „Fortschritte der Physik" anzuschaffen. Dann hören die Teilnehmer einen langen Nachruf für ein kauziges Original, den jüngst verschiedenen Professor Dr. Reinhold Hoppe. Danach aber bricht eine Sternstunde der Wissenschaft an. Es heißt im Protokoll[1]):

„Hr. F. Kurlbaum berichtet nach gemeinsam mit Hrn. H. Rubens angestellten Versuchen *über die Emission langer Wellen durch den schwarzen Körper.*
Bei der sich an diesen Vortrag anschließenden lebhaften Diskussion spricht Hr. M. Planck *über eine Verbesserung der Wienschen Spektralgleichung.*"

Diese Verbesserung wird sich als die endgültige Antwort auf die Frage nach der spektralen Energieverteilung

---

[1]) Verhandlungen dtsch. physik. Ges. **2** (1900) 181.

erweisen, und ihre Interpretation wird den Rahmen der klassischen Physik sprengen. Eine der größten Umwälzungen im wissenschaftlichen Weltbild nimmt ihren Ausgangspunkt in einer Diskussionsbemerkung zu einem physikalischen Kolloquiumsvortrag! Unsere Bewunderung für das Niveau jener Berliner Kolloquien wird nicht dadurch geschmälert, daß es sich um einen vorbereiteten Diskussionsbeitrag handelte. KURLBAUM und RUBENS hatten nämlich PLANCK schon einige Tage vor der Sitzung mit ihren Ergebnissen vertraut gemacht, so daß er noch Zeit hatte, seine Folgerungen daraus zu ziehen.

Über die Art, in der das geschah, differiert die in diesem Band nachgedruckte Originalmitteilung von späteren Darstellungen PLANCKS. Aber selbst wenn wir uns zunächst an die bescheidenste Version, die Originalmitteilung, halten, ist der große qualitative Unterschied zwischen PLANCKS Bemühungen um eine verbesserte Spektralformel und denen seiner Konkurrenten offenkundig.

Die eingangs erwähnten empirischen Formeln können in der Gestalt

$$\mathfrak{u}_\lambda = C T^{5-\mu} \lambda^{-\mu} \exp\left(-\frac{\alpha}{(\lambda T)^\varrho}\right) \tag{1}$$

zusammengefaßt werden. Hierin ist mit $\mu = 5$, $\varrho = 1$ das WIENsche Gesetz, mit $\mu = 4$, $\varrho = 1$ das RAYLEIGHsche (7,15) (mit Exponentialterm) enthalten. Dagegen wurde nun vorgeschlagen von

THIESEN:	$\mu = 4{,}5$	$\varrho = 1$
LUMMER, JAHNKE:	$\mu = 5$	$\varrho = 0{,}9$
LUMMER, PRINGSHEIM:	$\mu = 4$	$\varrho = 1{,}2$
	bzw.	$\varrho = 1{,}3.$

Zur theoretischen Begründung gibt es einige an die MAXWELLsche Geschwindigkeitsverteilung anknüpfende Spekulationen LUMMERS und JAHNKES in der von W. MICHELSON und WIEN gewiesenen Richtung.[1]) Jedoch sehen die Autoren selbst durch ihre Ausführungen die Bedeutung

[1]) S. Fußnote auf S. 47.

der Maxwellschen Geschwindigkeitsverteilung für die Strahlungstheorie in Frage gestellt. Es handelt sich tatsächlich um nichts mehr als den Versuch, Meßkurven analytisch darzustellen. Allein aus ästhetischen Gründen hätte man jede Wette halten können, daß derartige Formeln mit gebrochenen Exponenten kein fundamentales Naturgesetz widerspiegeln. Bereits Kirchhoff war davon überzeugt, daß die gesuchte Funktion „unzweifelhaft von einfacher Form ist, wie alle Funktionen es sind, die nicht von den Eigenschaften einzelner Körper abhängen.“ (s. S. 148 dieses Bandes).

Eben hiervon läßt sich Planck leiten. In seinem Diskussionsbeitrag betont er dreimal die Einfachheit der von ihm vorgeschlagenen Formel. Die zu verbessernde Wiensche Spektralgleichung selbst hatte er ja in seiner Arbeit vom März 1900 auf ihre einfachste Form gebracht, nämlich

$$\frac{\mathrm{d}^2 S}{\mathrm{d}U^2} = -\frac{\mathrm{const}}{U}. \tag{2}$$

Ferner war er sich der tiefen Bedeutung bewußt, die diesem Differentialquotienten für die Irreversibilität des Energieaustausches zwischen Oszillator und Strahlung zukommt. Im Unterschied zu seinen Kollegen versucht daher Planck nicht, die Wiensche Gleichung in ihrer expliziten Gestalt zu modifizieren. Vielmehr geht er daran, jenen Ausdruck (2) abzuändern. Und dieser ist eben so einfach, daß reines Probieren zum Ziel führt.

So beginnt Planck damit, zunächst „ganz willkürlich Ausdrücke für die Entropie zu konstruieren“. Unter diesen fällt ihm einer auf, „der dem Wienschen an Einfachheit am nächsten kommt“, und der sich tatsächlich als der richtige erweisen soll. Er lautet:[1])

$$\frac{\mathrm{d}^2 S}{\mathrm{d}U^2} = -\frac{k}{U(\varepsilon + U)}. \tag{3}$$

---

[1]) k, ε und auch h sind hier zunächst *irgendwelche* Konstanten. Sie haben zwar die in unseren früheren Erörterungen mit ihnen verbundene Bedeutung. Doch ist das im gegenwärtigen Zusammenhang als völlig unbekannt anzusehen.

Integration ergibt hier

$$\frac{1}{T} = \frac{\mathrm{d}S}{\mathrm{d}U} = \frac{k}{\varepsilon} \log\left(\frac{\varepsilon}{U} + 1\right), \tag{4}$$

also

$$U = \frac{\varepsilon}{\mathrm{e}^{\varepsilon/kT} - 1}. \tag{5}$$

Das Verschiebungsgesetz fordert

$$\varepsilon = h\nu. \tag{6}$$

Nach (4,19) lautet somit das endgültige PLANCKsche Strahlungsgesetz

$$\begin{aligned} \mathfrak{u}_\nu &= \frac{8\pi\nu^2}{c^3} \frac{h\nu}{\mathrm{e}^{h\nu/kT} - 1} \\ \mathfrak{u}_\lambda &= \frac{8\pi c}{\lambda^5} \frac{h}{\mathrm{e}^{hc/k\lambda T} - 1}. \end{aligned} \tag{7}$$

Für $h\nu \ll kT$, also lange Wellen und hohe Temperaturen, geht es in das RAYLEIGH-JEANSsche (7,14) über, während im entgegengesetzten Fall, $h\nu \gg kT$, das WIENsche Strahlungsgesetz (4,27) als Näherung erscheint. Dazu ist $b = h$ und $a = h/k$ zu setzen, womit der Anschluß an die Bezeichnungsweise des 6. Kapitels hergestellt ist.

Das PLANCKsche Strahlungsgesetz erweist sich folglich als eine Interpolation zwischen der WIENschen und der RAYLEIGH-JEANSschen Formel. Die Frage ist, ob PLANCK damals nicht nur faktisch, sondern bewußt zwischen diesen beiden Ausdrücken interpoliert hat. So formuliert ist die Frage zu verneinen. Alles deutet darauf hin, daß PLANCK damals die RAYLEIGHsche Arbeit entweder nicht gekannt oder nicht weiter beachtet hatte. Er zitiert sie erst 1906 in seinen „Vorlesungen über die Theorie der Wärmestrahlung".[1]) Wenn andere Autoren um 1900 auf

[1]) In seiner im Januar 1901 eingereichten Arbeit (s. S. 185 dieses Bandes) gibt PLANCK als Autor der endgültigen Formulierung des WIENschen Verschiebungsgesetzes M. THIESEN an, obwohl sie auch in der RAYLEIGHschen Veröffentlichung erscheint.

RAYLEIGHS Veröffentlichung hinweisen, nehmen sie stets auf die „vernünftige“ Form (7,15) des RAYLEIGHschen Gesetzes (mit Exponentialterm) Bezug, niemals auf die heute als RAYLEIGH-JEANSsches Gesetz bezeichnete Formel (7,14).

In späteren Reminiszenzen, erstmalig in seinem Nobelvortrag (1920), unterbreitet PLANCK jedoch eine andere Version über die Entdeckung seiner Strahlungsformel. Er verweist zwar nicht auf das RAYLEIGH-JEANSsche Gesetz, aber auf einen Umstand, der auf dasselbe hinausläuft. RUBENS hatte ihm mitgeteilt, daß seinen Messungen zufolge mit wachsender Temperatur die Intensität proportional zu T werde, also $\lim_{T\to\infty} (\mathfrak{K}/T) = \text{const}$ gelte. Damit nimmt auch U asymptotisch die Gestalt const $\cdot\, T$ an, was dem RAYLEIGH-JEANSschen Gesetz entspricht.[1]) Wie wir gesehen haben, ist damit $R = (\partial^2 S/\partial U^2)^{-1} = -\text{const}\, U^2$ gleichwertig, während nach (2) $R = -\text{const}\, U$ ist. Hierzu sagt PLANCK später in seinem Nobelvortrag:

„So waren durch direkte Erfahrung für die Funktion R zwei einfache Grenzen festgelegt: für kleinere Energie Proportionalität mit der Energie, für große Energien Proportionalität mit dem Quadrat der Energie. Nichts lag daher näher, als für den allgemeinen Fall die Größe R gleichzusetzen der Summe eines Gliedes mit der ersten Potenz und eines Gliedes mit der zweiten

---

[1]) In den Veröffentlichungen von KURLBAUM und RUBENS heißt es dazu: „Jedenfalls scheint uns aus den vorliegenden Beobachtungen hervorzugehen, daß nur solche Formeln geeignet sind, die Strahlung E [in unserer Bezeichnung $\mathfrak{K}_\lambda$] des schwarzen Körpers in ihrer Abhängigkeit von der Wellenlänge λ und der Temperatur T richtig wiederzugeben, bei welchen der Wert von E für sehr große Wellenlängen und sehr hohe Temperaturen proportional mit T wächst.“ (Sitzungsber. preuß. Akad. Wiss. Berlin (1900) 941). Freilich war es experimentell nicht möglich, „zu so großen Wellenlängen und so hohen Temperaturen überzugehen, daß der Einfluß der Exponentialgröße vollständig verschwindet“ (ebenda S. 932). Die Güte der PLANCKschen Formel wird bereits in dieser am 25. Oktober 1900 von KOHLRAUSCH der Akademie vorgelegten Mitteilung KURLBAUMS und RUBENS' erwähnt und noch deutlicher in dem am 10. 2. 1901 bei den Annalen der Physik eingegangenen Manuskript dieser Autoren hervorgehoben.

Potenz der Energie, so daß für kleine Energien das erste, für große Energien das zweite Glied ausschlaggebend wird, und damit war die neue Strahlungsformel gefunden."[1])

Wenn das so naheliegend war, möchte man fragen, warum „ganz willkürlich Ausdrücke für die Entropie konstruiert" wurden, von denen dann einer, der für kleine Werte von U in den WIENschen Ausdruck übergeht, wegen seiner Einfachheit empfohlen wird. Vom Verhalten bei großem U ist in der Originalmitteilung PLANCKS keine Rede. Erfahrungsgemäß verfällt der Geist in der Regel nicht sogleich auf das Naheliegende. Am ehesten zeigt er sich dazu bewogen, wenn er durch zwangloses Probieren für das zu bearbeitende Feld trainiert wird. Eben dieser Psychologie dürfte auch die PLANCKsche Strahlungsformel ihr Entstehen verdanken. Dabei ist sicher, daß PLANCK sehr schnell den Charakter seines Ansatzes (3) begriffen hat.

Seine physikalische Bedeutung liegt allerdings viel tiefer, als es dem letzten Zitat zu entnehmen wäre. Wie wir am Ende des vorigen Kapitels sahen, ist ja die Größe R, die hier eine so entscheidende Rolle spielt, bis auf eine Konstante gleich dem mittleren Schwankungsquadrat der Energie. Die beiden Grenzfälle entsprechen irgendwelchen verschiedenen Ursachen für die Schwankungen. Genau dann, wenn solche Ursachen unabhängig voneinander wirken, hat man die Schwankungsquadrate zu addieren. Eben dies tut PLANCK. Die physikalische Aussage seines Ansatzes und damit seiner Strahlungsformel hat also zum Inhalt, daß sich die Energieschwankungen der Strahlung so verhalten, als wären zwei voneinander unabhängige Ursachen wirksam. Diesen Sachverhalt hat EINSTEIN bereits 1909 sehr klar entwickelt.[2]) Dabei unterstreicht er, was wir im vorigen Kapitel schon aus-

---

[1]) M. PLANCK, „Die Entstehung und bisherige Entwicklung der Quantentheorie", Leipzig 1920, zitiert nach Pl. III, 124f.

[2]) A. EINSTEIN, „Zum gegenwärtigen Stand des Strahlungsproblems", Physik. Z. 10 (1909) 185–193.

geführt haben, daß es sich um Schwankung durch Interferenz und um Schwankung vermöge der Bewegung unabhängiger Teilchen handelt. Daraus geht, wie EINSTEIN schreibt, „unwiderlegbar hervor, daß die Konstitution der Strahlung eine andere sein muß, als wir gegenwärtig meinen". Was hier anklingt ist der sogenannte duale Charakter des Lichts. Wir können uns daher der Meinung von M. STRAUSS anschließen, der in seiner lesenswerten Studie über „Max PLANCK und die Entstehung der Quantentheorie" schreibt: „Das PLANCKsche Strahlungsgesetz stellt somit eine Synthese der scheinbar unvereinbaren Theorien des Lichtes dar, die jahrhundertelang im Streit miteinander lagen. Da aber diese beiden Theorien nur noch als Grenzfälle ($h\nu/kT \to \infty$ bzw. $h\nu/kT \to 0$) in der PLANCKschen Formel enthalten sind, ist diese Synthese genauer als eine dialektische Aufhebung der beiden klassischen Theorien zu kennzeichnen.

So wurde PLANCK, ohne es zu ahnen, der eigentliche Begründer der modernen Auffassung von der „dualen" Natur der Materie, die später in der Quantentheorie der Felder ihre adäquate mathematische Formulierung fand."[1])

KAPITEL 9

Max Planck und die Quantisierung des harmonischen Oszillators

Während es PLANCK in all den Jahren um eine Herleitung des Strahlungsgesetzes ging, hatte seine Formel (8,7) zunächst lediglich die „Bedeutung einer glücklich erratenen Interpolationsformel". Wie sich versteht, war er daher „vom Tage ihrer Aufstellung an mit der Aufgabe beschäftigt, ihr einen wirklich physikalischen Sinn zu

---

[1]) M. STRAUSS in „Forschen und Wirken", Festschrift zur 150-Jahr-Feier der Humboldt-Universität zu Berlin, Berlin 1960, S. 381.

verschaffen",[1]) d. h. sie „auf deduktivem Wege zu ermitteln."[2]) Das gelingt ihm, wie er später sagt, „nach einigen Wochen der angespanntesten Arbeit meines Lebens".[3]) Die resultierende Veröffentlichung „Über das Gesetz der Energieverteilung im Normalspektrum" ist in diesem Band nachgedruckt. In anderer Form wurde das Ergebnis bereits am 14. 12. 1900, wiederum im Berliner Kolloquium der Physikalischen Gesellschaft, mitgeteilt.[4])

Dieser Tag gilt als Geburtstag der Quantentheorie, da an ihm erstmalig der Öffentlichkeit die Idee endlicher Energiequanten des harmonischen Oszillators unterbreitet wurde. Wie wir ausgeführt haben, wird die Quantisierung des harmonischen Oszillators im Prinzip schon durch das WIENsche Strahlungsgesetz nahegelegt. Doch sollte man jetzt diese anachronistischen Bemerkungen vergessen, denn in Wirklichkeit wurde die Quantenhypothese auf ganz andere Weise konzipiert.

Sie verbirgt sich fast hinter der von PLANCK ganz lapidar getroffenen Feststellung, es sei „notwendig", die Gesamtenergie U_N eines (sogleich genauer zu charakterisierenden) Ensembles aus N gleichbeschaffenen Oszillatoren „nicht als eine stetige, unbeschränkt teilbare, sondern eine diskrete, aus einer ganzen Zahl von endlichen Teilen zusammengesetzte Größe aufzufassen".[5])

PLANCK ist sich von vornherein im klaren, daß dies „der wesentlichste Punkt der ganzen Berechnung"[6]) ist. Um so enttäuschter ist der heutige Leser über die Kürze, mit der PLANCK über diesen den Rahmen der klassischen Physik sprengenden Ansatz hinweggeht. Es kann nicht

---

1) M. PLANCK, Nobelvortrag 1920, s. Fußnote auf S. 104, Pl. III, 125.

2) M. PLANCK, „Zur Theorie des Gesetzes der Energieverteilung im Normalspektrum". Verhandlungen dtsch. physik. Ges. 2 (1900) 237–245. Nachgedruckt in dieser Taschenbuchreihe Bd. 56, TER HAAR „Quantentheorie", S. 107–117; Pl. I, 699

3) Nobelvortrag; Pl. III, 125.

4) Es handelt sich um die in Fußnote (2) zitierte Publikation.

5) Siehe S. 182 des vorliegenden Buches.

6) Vortrag vom 14. 12. 1900; Pl. I, 700.

angenommen werden, daß er am Anfang der Überlegungen stand. Vielmehr wird zu fragen sein, auf welche Weise PLANCK zu ihm gelangt ist. Zweitens erhebt sich die Frage, worin er dann die *Notwendigkeit* dieser Voraussetzung erblickte, von der er ja überzeugt sein mußte, da andernfalls von einer *Herleitung* des Strahlungsgesetzes keine Rede sein kann. Worauf sich diese Überzeugung auch immer gründete, sie muß ihm genügt haben, so daß er über die große Tragweite der Quantenhypothese zu diesem Zeitpunkt nicht weiter nachdachte.[1]) Sie ist gar nicht das eigentliche Thema der hier zu analysierenden Arbeit, denn PLANCKS Aufmerksamkeit war auf sein altes Thema konzentriert, die Entropie S seines Oszillators als Funktion der Energie U zu bestimmen.

Da die bisherigen Versuche nicht zum Ziel geführt haben, stellt sich ihm diese Aufgabe nun als Frage nach einem vertieften Entropieverständnis. Dazu gelangt er folgendermaßen. Die Energie U war ja nur als zeitlicher Mittelwert aufzufassen, oder, wie PLANCK nun im Sinne einer statistischen Betrachtungsweise feststellt,

> „was auf dasselbe hinauskommt, als der augenblickliche Mittelwert der Energien einer großen Anzahl von gleichbeschaffenen Resonatoren, die sich im nämlichen stationären Strahlungsfeld weit genug entfernt voneinander befinden, um sich nicht gegenseitig direkt zu beeinflussen. Da somit die Entropie eines Resonators durch die Art der gleichzeitigen Energieverteilung auf viele Resonatoren bedingt ist, so vermutete ich, daß sich diese Größe durch Einführung von Wahrscheinlichkeitsbetrachtungen, deren Bedeutung für den zweiten Hauptsatz der Thermodynamik Hr. L. BOLTZMANN zuerst aufgedeckt hat, in die elektromagnetische Theorie der Strahlung würde berechnen lassen müssen“.[2])

Um diese BOLTZMANNschen Ideen hatte sich PLANCK bislang „nicht gekümmert“, denn sie hatten für ihn

---

[1]) Das belegt A. HERMANN, „Frühgeschichte der Quantentheorie“, Mosbach 1969, S. 25 anhand eines bislang unveröffentlichten Briefes von PLANCK aus dem Jahre 1931.

[2]) Vortrag vom 14. 12. 1900; Pl. I, 699.

„deshalb nichts Verlockendes, weil jedes Wahrscheinlichkeitsgesetz auch Ausnahmen zuläßt, und weil“ er „damals dem zweiten Wärmesatz ausnahmslose Gültigkeit zuschrieb“.[1]) Allerdings findet sich bereits im Vortrag vom 19. 10. 1900 ein kurzer Hinweis auf die Wahrscheinlichkeitsrechnung, die es nämlich „nahelegt“, S als logarithmische Funktion von U anzunehmen. Doch dürfte sich dieser Hinweis auf die Entropiebetrachtungen PLANCKS beziehen, welche wir als Analogie des BOLTZMANNschen H-Theorems erkannt hatten.

Unter dem Zwang der objektiven Realität wirft PLANCK jetzt seine Vorurteile entschlossen über Bord und rezipiert, wie wir bereits betont haben, BOLTZMANNS Übergang von der „kinetischen“ Denkweise zur „statistischen“ Fundierung des Entropiebegriffs. Das ist das Grundthema der vorliegenden Arbeit. Sie kann als schöpferische Verallgemeinerung der BOLTZMANNschen Ideen gewertet werden. Sieht man von RAYLEIGHS unreflektierter Anwendung des Gleichverteilungssatzes auf die Ätherschwingungen ab, so war doch die statistische Thermodynamik auf die „ponderable Materie“, vorzugsweise die Gase, beschränkt. Indem PLANCK eben diese Beschränkung aufhebt, leistet er auch einen bedeutenden, meist zu wenig gewürdigten Beitrag für die allgemeine statistische Physik.

Dabei geht es sogleich um den zentralen Punkt, nämlich die Feststellung BOLTZMANNS, daß die Entropie dem Logarithmus der Permutabilität $\mathfrak{P}$, also der Realisierungsmöglichkeiten des Makrozustandes durch Mikrozustände, bis auf einen konstanten Faktor und Addenden gleich ist. Die Bestimmung der additiven Konstanten und damit des Absolutwertes der Entropie blieb späteren Entwicklungen vorbehalten. Die multiplikative Konstante ergibt sich jedoch in BOLTZMANNS Gasstatistik

[1]) M. PLANCK, „Zur Geschichte der Auffindung des physikalischen Wirkungsquantums“ „Fassung aus letzter Hand“ (so im folgenden zitiert), Naturwissenschaften **31** (1943) 153–159; Pl. III, 264.

zu R/L. BOLTZMANN schreibt das zwar nicht explizit auf, es ist aber aus dem Zusammenhang offensichtlich (s. 5,23). Wie sich versteht, haben diese für das Gas charakteristischen Größen R und L in der Strahlungstheorie keinen Platz.

Daher setzt PLANCK für die Entropie S_N seines in die Strahlung eingefügten Ensembles aus N Oszillatoren mit einer *zunächst unbestimmten* Konstanten k

$$S_N = k \log \mathfrak{W} + \text{const}, \tag{1}$$

wobei $\mathfrak{W}$ die Wahrscheinlichkeit dafür sein soll, „daß die N Resonatoren insgesamt die Energie U_N besitzen“.[1]) Entsprechend der soeben wiederholten Feststellung BOLTZMANNS wird sogleich angenommen, daß „die Wahrscheinlichkeit eines jeden Zustandes [Makrozustandes] proportional ist der Anzahl [$\mathfrak{R}$] der ihm entsprechenden Komplexionen [Mikrozustände], oder mit anderen Worten, daß irgendeine bestimmte Komplexion ebenso wahrscheinlich ist als irgendeine andere Komplexion“.[2]) Unter Verfügung über die additive Konstante schreibt PLANCK deshalb

$$S_N = k \log \mathfrak{R}. \tag{2}$$

In welchem Umfang die BOLTZMANNschen Ideen von PLANCK verallgemeinert werden, zeigt auch der Umstand, daß in die Beziehung (2) nur die Anzahl $\mathfrak{R}$ der Realisierungsmöglichkeiten des Makro- durch die Mikrozustände eingeht, nicht hingegen die spezielle Definition dieser Begriffe. In der Tat ist diese Definition bei PLANCK für sein Oszillatorensemble ja anders geartet als in der BOLTZMANNschen Gasstatistik. Auf diesen merkwürdigen Punkt wird noch einzugehen sein. Wie dem auch sei, PLANCKS am 9. 1. 1901 eingereichte Arbeit „Über die Elementarquanta der Materie und Elektrizität“, die im Textteil nachgedruckt ist, zeigt, daß er den *universellen*

---

[1]) Siehe S. 182 des vorliegenden Buches.

[2]) Vortrag vom 14. 12. 1900; Pl. I, 704, sowie S. 184 des vorliegenden Buches.

Charakter des Zusammenhangs zwischen Entropie und Wahrscheinlichkeit von Anfang an deutlich erkennt: „Wenn in dem Gase auch strahlende Resonatoren vorhanden sind, so ist danach die Entropie des ganzen Systems proportional dem Logarithmus der Zahl aller möglichen Komplexionen, Geschwindigkeiten und Strahlung zusammengenommen.“[1])

Wie aus dem nachgedruckten Text ersichtlich, folgt daraus sogleich die universelle Bedeutung der Konstanten k, die wir nunmehr als die primäre ansehen müssen, während die Gaskonstante R als abgeleitet zu betrachten wäre. Da nun k aus Strahlungsmessungen ermittelt werden kann, ist PLANCK in der Lage, eine Reihe fundamentaler Naturkonstanten numerisch zu berechnen, wobei die Genauigkeit „bei weitem alle bisherigen Bestimmungen dieser Größen“ übertrifft. Seine Bestimmung der LOSCHMIDTschen Zahl L ist überhaupt die erste, die mehr als eine Schätzung war. Wie sehr PLANCK mit seinem Anspruch recht hatte, zeigt insbesondere sein Wert der Elementarladung $e = 4{,}69 \cdot 10^{-10}$ elektrostatische Einheiten. Während die zu dieser Zeit ermittelten Werte bei $1{,}29 \cdot 10^{-10}$ bzw. $6{,}5 \cdot 10^{-10}$ e. s. E. lagen, stellten 1908 RUTHERFORD und GEIGER $4{,}65 \cdot 10^{-10}$ e. s. E. durch einwandfreie Messung fest. (Der heutige Wert liegt bei $4{,}80 \cdot 10^{-10}$ e. s. E.)

Mit diesen Berechnungen übertrifft PLANCK ebenfalls den Erkenntnisstand von BOLTZMANN, für den Feststellungen charakteristisch sind, daß sich Größen „bis auf Konstanten“ gleichen, wobei die numerische Bestimmung derselben jenseits seines Interesses lag. Die BOLTZMANN-Konstante k ist also in Wahrheit PLANCKs Konstante, wie auch die Beziehung $S = k \log \mathfrak{W}$ erstmalig von PLANCK (in der Form (2)) in die Physik eingeführt und in ihrer allgemeinen Bedeutung verwendet worden ist.

---

[1]) Siehe S. 193 des vorliegenden Buches. Die Ergebnisse dieser Arbeit werden bereits im Vortrag vom 14. 12. 1900 mitgeteilt.

Wir wollen sie in folgendem Exkurs anwenden, um den Beweis der Schwankungsformel (7,28) nachzuholen. Er geht im Prinzip auf eine Idee Einsteins zurück, die insbesondere die Umkehrung der Entropie-Wahrscheinlichkeitsbeziehung

$$\mathfrak{W} = e^{S/k}$$

zum Inhalt hat. Es soll in diesem Beweis

$$S = \sum_\nu S_\nu$$

nicht die Entropie des Oszillators, sondern die der ganzen Hohlraumstrahlung bedeuten. Die Entropie S_ν der Teilstrahlung des Intervalls $(\nu, \nu + \Delta\nu)$ wird um den Gleichgewichtszustand in eine Taylor-Reihe entwickelt, die wir nach dem quadratischen Glied abbrechen:

$$S_\nu = S_\nu{}^0 + (1/T)\,\Delta W_\nu + \frac{1}{2}\,(\partial^2 S_\nu/\partial W_\nu{}^2)_0\,(\Delta W_\nu)^2 .$$

Da im abgeschlossenen System der Energiesatz $\sum_\nu \Delta W_\nu = 0$ verlangt, ist in dieser Näherung

$$\mathfrak{W} = \mathfrak{W}_0 \exp\left(-\eta \sum_\nu \xi_\nu{}^2\right),$$

mit den Abkürzungen

$$\xi_\nu = \Delta W_\nu \qquad \text{und} \qquad -\eta k = \frac{1}{2}\,(\partial^2 S_\nu/\partial W_\nu{}^2)_0 .$$

(Der Differentialquotient muß negativ sein.) Das mittlere Schwankungsquadrat berechnet sich nun gemäß

$$\overline{(\Delta W_\nu{}^2)} = \frac{\int (\Delta W_\nu)^2\,\mathfrak{W}\,dW_\nu}{\int \mathfrak{W}\,dW_\nu} .$$

Benutzen wir den gefundenen Ausdruck für $\mathfrak{W}$, so läßt sich

$$\overline{(\Delta W_\nu)^2} = -\frac{d}{d\eta}\log\int_{-\infty}^{\infty} e^{-\eta\xi_\nu{}^2}\,d\xi_\nu = -\frac{d}{d\eta}\log\frac{1}{\sqrt{\eta}}\int_{-\infty}^{\infty} e^{-x^2}\,dx = \frac{1}{2\eta}$$

schreiben. Also gilt (7,28),

$$\overline{(\Delta W_\nu)^2} = -k\left(\frac{\partial^2 S_\nu}{\partial W_\nu{}^2}\right)_0^{-1} .$$

Indem PLANCK „ponderable“ Materie und „imponderable“ Strahlung in thermodynamischer Hinsicht auf einen Nenner brachte und konkret zueinander in Beziehung setzte, geht seine Leistung letztlich über die Physik hinaus, weil sie einerseits die materielle Einheit der Welt manifestierte und andererseits auf die Überwindung des damals vorherrschenden mechanistisch-metaphysischen Materiebegriff zielte. In dieselbe Richtung wies, wie wir heute rückblickend erkennen, PLANCKS Quantenhypothese.

Wenden wir uns jetzt der eingangs aufgeworfenen Frage zu, auf welche Weise PLANCK zu dieser Hypothese gelangt ist. Erinnerlicherweise hatte er die Herleitung der Strahlungsformel auf die Aufgabe zurückgeführt, die Funktion $S = S(U)$ zu bestimmen. Ganz gewiß stellte sich für PLANCK diese Aufgabe so, wie er sie in später Reminiszenz formuliert, nämlich als „Frage, ob der Ausdruck von W, der sich [aus $S_N = NS = k \log \mathfrak{W}$] ergibt, falls man für die Entropie S den dem gefundenen Strahlungsgesetz entsprechenden Wert einsetzt, sich als eine Wahrscheinlichkeitsgröße deuten läßt“.[1]) Wir tun deshalb gut daran, den Gedankengang der im Textteil nachgedruckten Arbeit über die Energieverteilung in umgekehrter Richtung nachzuvollziehen.

Ausgangspunkt sei also die Entropiefunktion

$$S = k\left[\left(1 + \frac{U}{\varepsilon}\right) \log \left(1 + \frac{U}{\varepsilon}\right) - \frac{U}{\varepsilon} \log \frac{U}{\varepsilon}\right], \qquad (3)$$

die sich aus (8,4) durch Integration als der „dem gefundenen Strahlungsgesetz entsprechende Wert“ ergibt. Die mittlere Energie, bzw. Entropie U und S eines Oszillators hängen mit den entsprechenden Größen U_N und S_N des Ensembles der N gleichbeschaffenen Resonatoren vermöge

$$U_N = NU, \qquad S_N = NS \qquad (4)$$

---

[1]) M. PLANCK, Wissenschaftliche Selbstbiographie, Leipzig 1948; Pl. III, 395.

zusammen. Es liegt nahe, die Abkürzung

$$P = \frac{NU}{\varepsilon} = \frac{U_N}{\varepsilon} \tag{5}$$

in den aus (3) folgenden Ausdruck für S_N einzusetzen, so daß er die Gestalt

$$S_N = k\left[(N+P)\log\left(1+\frac{P}{N}\right) - P\log\frac{P}{N}\right]$$

annimmt. Ferner wird man versuchen, eine mehr symmetrische Form zu finden und wird auf

$$S_N = k[(N+P)\log(N+P) - P\log P - N\log N] \tag{6}$$

geführt. Mit Hilfe der STIRLINGschen Formel (5,7) kann dafür

$$S_N = k\log\frac{(N+P)!}{N!\,P!}$$

geschrieben werden.

Sucht man nun in den Lehrbüchern der Kombinatorik nach einem dem Numerus entsprechenden Ausdruck, so findet man einen sehr ähnlichen, nämlich[1])

$$\mathfrak{R} = \frac{(N+P-1)!}{(N-1)!\,P!}. \tag{7}$$

Er gibt die Anzahl der Möglichkeiten an, P nichtunterscheidbare Elemente auf N unterscheidbare Kästchen zu verteilen. Das sieht man am leichtesten ein, wenn man sich jede Komplexion durch ein Bild veranschaulicht. So soll z. B. das Bild

$$\cdot\cdot\,|\,\cdot\cdot\cdot\cdot\cdot\cdot\,|\,\cdot\cdot\cdot\cdot\,|\,|\,\cdot\cdot\cdot$$

eine Verteilung von $P = 15$ Elementen auf $N = 5$ Kästchen zum Ausdruck bringen, derart daß sich bzw. 2,6,4,0,3

[1]) Für große N kann 1 gegen N vernachlässigt werden.

Elemente in der ersten bis fünften Zelle befinden. Es gibt dann $(P + N - 1)!$ Permutationen der Punkte und Striche zusammen, wobei die $P!$ Permutationen der Punkte und die $(N - 1)!$ Permutationen der Striche das Bild nicht verändern.

Nachdem die statistische Bedeutung von $\mathfrak{R}$ auf diese Weise geklärt ist, muß die Gleichung (5) zwangsläufig als Quantenhypothese für den harmonischen Oszillator interpretiert werden. Es handelt sich bei den P zu verteilenden Elementen um die diskreten Energieelemente von der Größe ε, aus denen die Gesamtenergie U_N des Resonatorensembles zusammengesetzt ist, die also nicht als unbegrenzt teilbar vorausgesetzt werden darf. Diese P Energieelemente sind dann auf die N Oszillatoren zu verteilen.

Da N beliebig ist, muß man einräumen, daß dann auch der einzelne Oszillator nur der diskreten Energiestufen

$$\varepsilon_n = n\varepsilon = nh\nu \tag{6,22}$$

fähig ist (wobei die letzte Gleichung bekanntlich von dem Verschiebungsgesetz gefordert wird).[1] In unmißverständlicher Weise hat diesen Sachverhalt allerdings erst EINSTEIN 1906 in der bereits auf S. 84 erwähnten Arbeit formuliert: „Wir müssen daher folgenden Satz als der PLANCKschen Theorie der Strahlung zugrundeliegend ansehen: Die Energie eines Elementarresonators [d. h. Oszillators] kann nur Werte annehmen, die ganzzahlige Vielfache von $(R/N)\,\beta\nu$ [d. h. $h\nu$] sind.“[2])

Demgegenüber sind die hier zu analysierenden Überlegungen PLANCKS noch nicht frei von gewissen Unklarheiten. So findet sich in dem Vortrag vom 14. 12. 1900 folgender Satz: „Wenn der so berechnete Quotient [$P = U_N/h\nu$] keine ganze Zahl ist, nehme man für P eine in der Nähe gelegene ganze Zahl.“[3]) Das sieht so aus, als hätte

---

[1]) Der *Mittelwert* U braucht selbstverständlich kein ganzzahliges Vielfaches von ε zu sein.

[2]) Ann. Physik **20** (1906) 202.

[3]) Pl. I, 701.

Planck in der Quantenhypothese damals nur eine formale Rechenmaßnahme erblickt. Tatsächlich würde aber hiermit Plancks ganzem Gedankengebäude der Boden entzogen. Dasselbe ist zu Plancks späteren, mannigfach variierten Vermutungen zu sagen, nach denen lediglich der Energie*austausch* zwischen Strahlung und Oszillator in diskreten Portionen erfolgt.

Da aber mit der Quantisierung des harmonischen Oszillators, $\varepsilon_n = nh\nu$, Plancks Ableitung seiner Strahlungsformel steht und fällt, wird man dennoch Planck gerechterweise die Priorität für diese Quantisierung zuerkennen. Er hat sie zwar keineswegs explizit, wohl aber de facto vollzogen. Die dabei zutage tretenden Unklarheiten sollte man nicht überbewerten. Im gewissen Sinne spielten sie sogar eine positive Rolle, indem sie Planck davor bewahrten, den eingeschlagenen Weg vorzeitig zu verlassen. Dazu hätte er sich wahrscheinlich veranlaßt gesehen, wäre ihm sogleich bewußt geworden, welchen radikalen Bruch die Quantenhypothese mit der klassischen Mechanik vollzieht. Ihren Prinzipien gemäß kann der Oszillator ja jedweden Energiewert annehmen. Vor allem aber ist dort die Energie durch das Amplitudenquadrat gegeben und hängt nicht linear von der Frequenz ab.

Ob Planck wirklich, so wie wir es geschildert haben, ursprünglich durch Umformung des gegebenen Entropieausdrucks (3) und seiner statistischen Interpretation zur de facto Quantisierung des Oszillators gelangt ist, kann natürlich nicht bewiesen werden. Ein Indiz dafür, das sich freilich nicht als stichhaltig erweist, könnte in dem Umstand erblickt werden, daß Planck von dem wichtigen Grundsatz Boltzmanns keinen Gebrauch macht, nach dem der Gleichgewichtszustand mit dem Makrozustand maximaler Permutabilität identisch ist. Das erübrigt sich in der Tat bei dem von uns angegebenen Verfahren, da sich die zu interpretierende Formel (3) ja von vornherein auf den Gleichgewichtszustand bezieht, wie denn auch kein freier Parameter mehr vorhanden ist, bezüglich dessen variiert werden könnte. Dementsprechend weicht bei PLANCK die Definition des Makrozustandes von der BOLTZMANNschen Intention ab. Er ist einfach dadurch definiert, daß die N Resonatoren insgesamt die Energie U_N besitzen, da ja $\mathfrak{W}$ die Wahrscheinlichkeit für diesen Tatbestand sein soll.

Um diese Begriffsbildung mit der BOLTZMANNschen vergleichen zu können, haben wir die BOLTZMANNschen Teilchen mit den PLANCKschen Oszillatoren zu identifizieren, wie das bereits im 7. Kapitel geschehen ist. Jedoch sind jetzt nicht Position und Impuls des Gasteilchens durch die kanonischen Variablen q, $\dot{q}$ des Oszillators zu ersetzen. Im Unterschied zur klassischen Auffassung ist dessen Zustand vielmehr vollständig durch seine Energie $n\varepsilon$ gegeben. Mit dieser Vorgabe wäre nach BOLTZMANN daher der Makrozustand durch die Anzahl der Oszillatoren mit der Energie $n\varepsilon$ definiert. Bezüglich des Mikrozustandes gibt es keine Diskrepanz zwischen den Auffassungen BOLTZMANNS und PLANCKS. Denn wenn der Mikrozustand nach PLANCK durch irgendeine Verteilung der P Energieelemente auf die N Oszillatoren bestimmt ist, so wissen wir, welche Oszillatoren die Energie $n\varepsilon$ haben, und umgekehrt ist mit dieser Kenntnis die Verteilung der Energieelemente gegeben.

Die BOLTZMANNsche Definition des Makrozustandes führt offensichtlich auf die Gleichung (5,8), die wir gleich in der Form

$$S_N = k\left[N \log N - \sum_{n=0}^{q} N_n \log N_n\right] \qquad (8)$$

schreiben wollen. Um zum Gleichgewichtszustand zu gelangen, wäre hiervon das Maximum zu bilden unter den Nebenbedingungen konstanten N und vorgegebener Energie des Ensembles, $U_N = P\varepsilon$. Diese Nebenbedingungen lauten

$$\sum_{n=0}^{q} N_n = N, \qquad \sum_{n=0}^{q} nN_n = P. \qquad (9)$$

Es ist nun außerordentlich interessant, daß BOLTZMANN genau diese Aufgabe aus heuristischen Gründen am Anfang der von PLANCK als seine wichtigste Quelle[1]) zitierten Arbeit behandelt! (Es steht dort lediglich „Teilchen“ statt Oszillator und „lebendige Kraft“ statt Energie.) Unter der Voraussetzung eines großen q ermittelt BOLTZMANN für den Gleichgewichtsfall durch eine geschickte Betrachtung

$$N_n = \frac{N^2}{N+P}\left(\frac{P}{N+P}\right)^n. \tag{10}$$

Setzt man diesen Wert in (8) ein, so ergibt sich unter Berücksichtigung von (9) genau die PLANCKsche Gleichung (6), die wiederum sofort auf das Strahlungsgesetz führt!

Demnach ergibt sich scheinbar Übereinstimmung zwischen der Anzahl aller Komplexionen, wie sie PLANCK verwendet, mit der kleineren Zahl der zum BOLTZMANNschen Gleichgewichtsfall gehörigen Komplexionen (Mikrozustände). Doch ist das nicht erstaunlich, denn unter der Voraussetzung großer N und P ist das Maximum von S_N so scharf, daß die Differenz unter der Genauigkeitsgrenze bleibt, die durch die STIRLINGsche Näherungsformel gesteckt ist.

Das Modell BOLTZMANNS von den Teilchen, die nur der Energie $n\varepsilon$ fähig sind, ist deshalb so interessant, weil es sicher von PLANCK zur Kenntnis genommen worden ist. Darum ist auch folgende Version über die Einführung der Quantisierung der Oszillatorenergie denkbar: In der Ausgangsformel (3) mußte PLANCK die charakteristische Abhängigkeit von U/ε aufgefallen sein. Dieselbe tritt aber auch in der entscheidenden Quantenregel (5) auf, welche wiederum (lediglich mit anderen Buchstaben) dem BOLTZMANNschen Modell explizit zugrundeliegt.

[1]) Es handelt sich um die auf S. 70 zitierte grundlegende Arbeit BOLTZMANNS. Sitzungsber. Akad. Wiss. Wien, Abt. II, 76 (1877) 373–435.

Deshalb ist es nicht von der Hand zu weisen, daß Planck zunächst mit den von Boltzmann angegebenen Formeln ausprobiert haben könnte, ob dessen Modell zu dem gewünschten Entropieausdruck führt, was ja zutrifft. In diesem Fall wäre die entscheidende Formel (5) nicht, wie vorhin angenommen, zunächst als formale, erst später durch die Existenz diskreter Energiequanten zu interpretierende Abkürzung eingeführt worden, sondern ginge auf eine Anregung durch Boltzmann zurück. Sollte Planck auf diesem Wege zum Ziel gelangt sein, so hätte man anzunehmen, daß ihm danach die Möglichkeit aufgefallen ist, den Entropieausdruck (6), wie oben ausgeführt, im Sinne der kombinatorischen Formel (7) zu interpretieren.

Wahrscheinlicher dünkt uns aber noch eine andere Version. Planck könnte zwar in der geschilderten Weise durch das Boltzmannsche Modell zur Quantenhypothese angeregt worden sein, jedoch den Boltzmannschen Begriff des Makrozustandes für sein Oszillatorensemble als physikalisch nicht sinnvoll erachtet haben. In der Tat ist dieses für ihn gewissermaßen ja ein virtuelles Ensemble, das nur den Zweck hat, den allein physikalisch interessanten zeitlichen Energiemittelwert des *einen* im Strahlungsfeld befindlichen Oszillators zu modellieren. Daher ist die Frage, wieviele dieser virtuellen Oszillatoren eine bestimmte Energie haben, für Planck physikalisch bedeutungslos, von Bedeutung ist nur die Gesamtenergie des Ensembles.

Dafür, daß Planck von dem Boltzmannschen Modell ausgegangen ist, jedoch aus den genannten Gründen den Makrozustand des Oszillatorensembles durch dessen Gesamtenergie definiert, lassen sich noch zwei Hinweise angeben. Erstens ist die Formel (7) für die Permutabilität $\mathfrak{R}$ des so definierten Makrozustandes ebenfalls von Boltzmann (in anderer Schreibweise und in anderem Zusammenhang) bei der Diskussion seines Modells angegeben worden. Zweitens entwickelt Planck im Unterschied zu dem oben geschilderten Verfahren in seiner ersten Mitteilung, dem am 14. 12. 1900 gehaltenen Vortrag, zunächst ein Programm, wie auf der Basis des modifizierten Makrozustandsbegriffs die Ermittlung der Gleichgewichtsverteilung der BOLTZMANNschen Intention gemäß durch Maximierung einer Permutabilität zu erfolgen hätte.

Da bei nur einem Oszillatorensemble kein freier Parameter mehr existiert, wie wir sahen, betrachtet PLANCK sogleich eine Gesamtheit derartiger Ensembles. Es sei N_ε die Anzahl der Resonatoren der Frequenz $\nu = \nu(\varepsilon)$, und entsprechend (5) $P_\varepsilon \varepsilon$ die Gesamtenergie dieser Sorte. Die Gesamtenergie

$$\sum_\varepsilon P_\varepsilon \varepsilon = W = \text{const} \tag{11}$$

aller Oszillatoren kann dann gemäß (7) auf

$$\mathfrak{R}_0 = \prod_\varepsilon \frac{(N_\varepsilon + P_\varepsilon - 1)!}{(N_\varepsilon - 1)!\, P_\varepsilon!}$$

verschiedene Weisen aufgeteilt werden. Der stationäre Zustand ist nach PLANCK derjenige, welcher $\log \mathfrak{R}_0$ unter der Nebenbedingung (11) maximiert. Diese Extremalaufgabe führt unter Berücksichtigung des sinngemäß verallgemeinerten Zusammenhanges zwischen Entropie (6) und Permutabilität (7) mit dem LAGRANGEschen Parameter $-\beta$ sogleich auf

$$\begin{aligned}
&\frac{\partial}{\partial P_\varepsilon} \sum_\varepsilon [(N_\varepsilon + P_\varepsilon) \log (N_\varepsilon + P_\varepsilon) - N_\varepsilon \log N_\varepsilon \\
&- P_\varepsilon \log P_\varepsilon - \beta \varepsilon P_\varepsilon] \\
&= \log (N_\varepsilon + P_\varepsilon) - \log P_\varepsilon - \beta\varepsilon = 0,
\end{aligned}$$

also auf

$$P_\varepsilon = \frac{N_\varepsilon}{e^{\beta\varepsilon} - 1}. \tag{12}$$

Die mittlere Energie des Oszillators der Frequenz $\nu = \nu(\varepsilon)$

im stationären Strahlungsfeld ist danach

$$U = \frac{P_\varepsilon \cdot \varepsilon}{N_\varepsilon} = \frac{\varepsilon}{e^{\beta\varepsilon} - 1}, \tag{13}$$

und das WIENsche Verschiebungsgesetz ergibt wieder $\varepsilon = h\nu$; $\beta = 1/kT$.

Nach PLANCKs Worten würde es „freilich sehr umständlich sein, die angegebenen Rechnungen wirklich auszuführen".[1]) Obwohl das ersichtlich nicht zutrifft, verweist er auf eine „durchaus mühelose Rechnung", offenbar auf die hier im Textteil nachgedruckte. Für PLANCK erübrigen sich weitere Rechnungen, weil er den Zusammenhang der zu interpretierenden Entropieformel (3) mit der kombinatorischen Größe $\mathfrak{R}$ (7) sogleich erkennt, nachdem er erst einmal in den Besitz derselben gelangt ist.

Wie das auch geschehen sein möge, es bleibt die eingangs aufgeworfene Frage, warum PLANCK damals die entscheidende Quantenregel (5) für „notwendig" erachtet hat. Hierfür gibt es einige Hinweise. Wie aus dem Text ersichtlich, handelt es sich ja darum, „die Wahrscheinlichkeit dafür zu finden, daß die N Resonatoren insgesamt die Energie U_N besitzen".[2]) In seiner letzten Darstellung der Entdeckungsgeschichte des Wirkungsquantums ersetzt PLANCK die unserem Zitat in der Originalarbeit folgenden Worte „Hierzu ist es notwendig ..." durch den Satz „Da nun eine Wahrscheinlichkeitsgröße nur durch Abzählung gefunden werden kann, war es vor allem notwendig, die Energie U_N als eine Summe von diskreten einander gleichen Elementen ε anzusehen".[3]) Entsprechend fügte er bereits seinem Nobelvortrag die Anmerkung bei: „Die Berechnung der Wahrscheinlichkeit eines physikalischen Zustandes beruht nämlich auf der Abzählung derjenigen endlichen Anzahl von gleichwahr-

---

[1]) Vortrag vom 14. 12. 1900; Pl. I, 703.

[2]) Siehe S. 182 des vorliegenden Buches.

[3]) „Fassung aus letzer Hand"; Pl. III, 265;

scheinlichen Einzelfällen, durch die der betreffende Zustand verwirklicht wird".[1]) Die Notwendigkeit der Quantenregel muß für Planck also in der zu fordernden Abzählbarkeit begründet gewesen sein. Dafür, daß Planck von vornherein von dieser Auffassung ausgegangen ist, zeugt folgender Satz, den er in seinem Vortrag vom 14. 12. 1900 der Einführung seiner Quantenregel voranstellt: Wenn U_N „als unbeschränkt teilbare Größe angesehen wird, ist die Verteilung auf unendlich viele Arten möglich",[2]) was im gegebenen Zusammenhang nur heißen kann, daß dann keine Abzählung durchführbar ist.

Diese Darlegungen verstärken den Eindruck, daß sich Planck 1900 bei seiner Quantenkonzeption von formalen Gesichtspunkten leiten ließ. Dabei war allerdings der Irrtum Wegbereiter des Fortschritts. Denn für eine wahrscheinlichkeitstheoretische Behandlung ist es nicht notwendig, daß die Mengen der Einzelfälle abzählbar sind. Es genügt, daß sie „meßbar" sind, so daß die „Maßtheorie" die adäquate Grundlage der Wahrscheinlichkeitstheorie ist.

Aber selbst wenn wir in unserem Falle die Abzählbarkeit der Verteilungen akzeptieren, und voraussetzen, daß ein Oszillator nur diskrete Energieniveaus annimmt, dann folgt daraus nicht die Äquidistanz dieser Niveaus, d. h. die Gleichheit der Planckschen Energieelemente. Wir haben es vielmehr mit einer weiteren Hypothese zu tun. Vermutlich hat sie Planck nicht besonders als solche hervorgehoben, weil ihm die „Spielräume" $(\varepsilon_{n+1} - \varepsilon_n) = (n+1)\,\varepsilon - n\varepsilon = \varepsilon$ bei der Verteilung der Oszillatoren auf die Energiezustände a priori als gleichwahrscheinlich anmuteten. Wir wollen dazu aus dem Werk von Joh. v. Kries über die Prinzipien der Wahrscheinlichkeitsrechnung zitieren, da Planck auf dieses Buch Bezug nimmt: „Als Grundlage unserer Theorie ist der Satz zu betrachten,

---

[1]) Dem Nobelvortrag beigefügte Anmerkung 21; Pl. III, 134.

[2]) Vortrag vom 14. 12. 1900; Pl. I, 700.

daß Annahmen, welche gleiche und indifferente ursprüngliche Spielräume umfassen, gleich wahrscheinlich sind".[1]) Dabei heißt nach v. KRIES „indifferent", daß für diese Spielräume keinerlei logische Bevorzugung des einen vor dem anderen besteht. „Ursprünglich" bedeutet, daß sie nicht auf andere reduzierbar sind.

Allerdings benutzt PLANCK einen derartigen Satz nicht zur Rechtfertigung der seiner Statistik zugrunde liegenden a priori-Annahme. Sie lautet etwas anders, nämlich: „Irgendeine bestimmte Komplexion ist ebenso wahrscheinlich wie irgendeine bestimmte andere Komplexion".[2]) Ihre Richtigkeit könne nur die Erfahrung bestätigen, was umgekehrt ermöglichen sollte, „weitere Schlüsse zu ziehen auf die spezielle Natur der Resonatorschwingungen, nämlich den Charakter der dabei auftretenden, indifferenten und ihrer Größe nach vergleichbaren ursprünglichen Spielräume' in der Ausdrucksweise von J. v. KRIES".

Wie diese Bemerkung zeigt, scheint PLANCK im Gegensatz zu gewissen anfechtbaren Wendungen in seiner formalen Argumentation doch deutlich zu erkennen, daß eine a priori-Annahme über die gleichwahrscheinlichen Fälle in Wahrheit eine die Realität betreffende Hypothese ist und keine „Annahme" im Sinne einer Fiktion. Sie impliziert infolgedessen weitere Aussagen über die Realität. Insbesondere gilt das für den Kern der PLANCKschen Hypothese, die Konzeption diskreter Energiequanten.

Würde es sich hingegen dabei um eine Fiktion handeln, aus dem formalen Grund getätigt, die „Abzählung" bequem durchführen zu können, so wäre es geboten, im Endresultat den Grenzübergang zur kontinuierlichen Verteilung durchzuführen. Konkret hieße das, in der PLANCKschen Strahlungsformel $h = 0$ zu setzen, womit sie in das RAYLEIGH-JEANSsche Gesetz überginge. Eben das wird aus dem genannten Grund expressis verbis

---

[1]) J. v. KRIES, „Die Prinzipien der Wahrscheinlichkeitsrechnung", Freiburg 1886, S. 157.

[2]) Siehe S. 184 des vorliegenden Buches

später 1905 JEANS verlangen.[1]) Legitim wäre dieses Verlangen, wenn die durch die endliche Größe h bestimmten „Spielräume" nicht „ursprünglich", sondern auf beliebig kleine reduzierbar wären. Das ist natürlich die Implikation der klassischen Mechanik, welche auf den Gleichverteilungssatz führt. Es ist ein weiterer Glücksumstand, daß PLANCK als Neuling auf dem Gebiet der statistischen Physik Ende 1900 entweder den Gleichverteilungssatz noch gar nicht kannte oder doch nicht sah, in welchem problematischen Widerspruch er zu seinem statistischen Verfahren steht.

Wie bereits erwähnt, deckt 1906 EINSTEIN die Implikationen dieses Verfahrens in voller Klarheit auf. Aber etwa zur gleichen Zeit gelingt auch PLANCK selbst ein Fortschritt in dieser Richtung. In seinen „Vorlesungen über die Theorie der Wärmestrahlung" betrachtet er die v. KRIESschen „ursprünglichen Spielräume" als die Zellen in der Phasenebene des Oszillators. Er stellt fest, daß die Kurve gleicher Energie U in dieser Ebene eine Ellipse vom Flächeninhalt U/ν ist. Wird nun die ganze Phasenebene von solchen Ellipsen derart überdeckt, daß alle von zwei aufeinanderfolgenden Ellipsen begrenzten Ringe den gleichen Flächeninhalt $\Delta U/\nu = h$ haben, „so erhalten wir dadurch diejenigen Abschnitte der Energie, welche gleichen Wahrscheinlichkeiten entsprechen und welche daher als die Energieelemente zu bezeichnen sind". Damit „zeigt sich uns hier das elementare Wirkungsquantum in einer neuen Bedeutung, nämlich als die Größe eines Elementargebietes in der Zustandsebene eines Resonators". [2])

Über „die spezielle Natur der Resonatorschwingungen" ist freilich auch 1906 noch nichts ausgemacht. Diese Frage beantwortet erst die Quantentheorie, indem sie die Quantisierungsregel $\varepsilon_n = nh\nu$ (leicht modifiziert) aus

[1]) J. H. JEANS, „A comparison between two theories of radiation", Nature 72 (1905) 293.

[2]) M. PLANCK, „Vorlesungen über die Theorie der Wärmestrahlung", Leipzig 1906, S. 156.

neuen, allgemeinen Prinzipien herleitet. Mit dieser Theorie und ihrem Zustandsbegriff wird nun der klassische Phasenraum im Prinzip überflüssig. Gleichwohl ist er nicht nutzlos, und die bereits in der ersten Veröffentlichung ausgesprochene Vermutung PLANCKS über die „ursprünglichen Spielräume“ sowie die 1906 davon ausgehenden Bemerkungen erweisen sich als sehr tiefsinnig. Nach den HEISENBERGschen Unbestimmtheitsrelationen stellt sich nämlich eine Lokalisation des Oszillators innerhalb eines PLANCKschen Elementargebietes der Größe h als physikalisch sinnlos heraus. Entsprechend ergibt sich für das klassisch unbestimmte Volumen $\Delta \boldsymbol{x} \Delta \boldsymbol{p}$ einer Elementarzelle im Phasenraum eines Teilchens h^3 (da hier statt des einen Freiheitsgrades beim Oszillator deren 3 vorliegen). Diese Festlegung bot sich bereits bei der korpuskularen Deutung der WIENschen Strahlungsfoımel an.

Es bleibt nur noch zu zeigen, wie sich im Licht des endgültigen PLANCKschen Strahlungsgesetzes der korpuskulare und der Wellenaspekt der Strahlung zueinander verhalten. Wir können einmal an der RAYLEIGHschen Konzeption festhalten und ihr gemäß den PLANCKschen Oszillator als Eigenschwingung des Hohlraumes auffassen. Der nichtklassische Charakter der Theorie kommt dann in der Forderung zum Ausdruck, daß der Zustand einer solchen Schwingung durch seine Energie $\varepsilon_n = n\varepsilon = nh\nu$ gegeben ist. Ansonsten können wir in der gewohnten Weise verfahren. Die Zustandssumme wird nämlich zur geometrischen Reihe,

$$Z = \sum_n \mathrm{e}^{-\beta \varepsilon_n} = \sum_n (\mathrm{e}^{-\beta\varepsilon})^n = \frac{1}{1 - \mathrm{e}^{-\beta\varepsilon}},$$

und damit erhalten wir

$$U = -\frac{\partial}{\partial\beta} \log Z = \frac{\varepsilon}{\mathrm{e}^{\beta\varepsilon} - 1}$$

in Übereinstimmung mit (8,5).[1])

[1]) Eine mit dieser Herleitung im Prinzip übereinstimmende veröffentlichte erstmalig A. EINSTEIN, „Die PLANCKsche Theorie der Strahlung und die Theorie der spezifischen Wärmen“, Ann. Physik. **22** (1907) 183.

Einen solchen Weg hat PLANCK ersichtlich nicht eingeschlagen. Sein Vorgehen entspricht vielmehr der anderen Alternative, zu der wir gelangen, wenn wir die Energiequanten der elektromagnetischen Eigenschwingungen als Photonen interpretieren. Es bleibt dann dabei, daß die Zahl der im Frequenzbereich $(\nu, \nu + d\nu)$ möglichen Eigenschwingungen $\mathfrak{N}_\nu \, d\nu = \mathfrak{N}_\varepsilon \, d\varepsilon$ ist, d. h. gleich der Anzahl der zum Energieintervall $(\varepsilon, \varepsilon + d\varepsilon)$ gehörenden Photonenzustände. Der nichtklassische Charakter der Theorie kommt jetzt in der *prinzipiellen Nichtunterscheidbarkeit* der Lichtteilchen zum Ausdruck.

Das Prinzip der Nichtunterscheidbarkeit hat tiefe physikalische Wurzeln, die Teilchen verlieren ihre Individualität. Damit handelt es sich eigentlich nicht mehr um Teilchen im anschaulichen Sinne, die sich individuell auf ihren Bahnen verfolgen ließen. Die HEISENBERGschen Unbestimmtheitsrelationen schließen die Anwendbarkeit des Bahnbegriffs aus. Raum und Zeit versagen als principium individuationis.

In unserem Zusammenhang gelangen wir aber mit dem Teilchenbegriff zu richtigen Ergebnissen, wenn wir ihn nur konsequent durch das Prinzip der Nichtunterscheidbarkeit einschränken. Damit freilich ist der so erfolgreich verwendeten BOLTZMANN-Statistik der Boden entzogen. Denn ihre Definition des Mikrozustandes geht von der Frage aus, *welche* Teilchen im n-ten Zustand befindlich sind, und setzt daher prinzipiell deren Unterscheidbarkeit voraus.

Unter diesen Umständen muß also die BOLTZMANN-Statistik durch eine andere, die BOSE-EINSTEIN-Statistik, ersetzt werden. Sie aber ist durch PLANCKS Verfahren im wesentlichen antizipiert worden. Tatsächlich arbeitet er ja mit der Verteilung *nichtunterscheidbarer* Elemente. Das sind für ihn die Energieelemente des Oszillators. Interpretieren wir sie hingegen als Photonen, so führt die PLANCKsche Statistik sogleich auf die Energieverteilung in einem Gase variabler Teilchenzahl, das von dem in Kapitel 6 behandelten klassischen Lichtteilchengas nur in puncto Nichtunterscheidbarkeit der Teilchen differiert. Bezeichnet jetzt ΔP_ε die Anzahl der Teilchen im Energieintervall $(\varepsilon, \varepsilon + \Delta\varepsilon)$, so lautet in beiden Fällen das Verteilungsgesetz (Strahlungsgesetz)

$$\mathfrak{u}_\varepsilon V \Delta\varepsilon = \Delta P_\varepsilon \varepsilon. \tag{14}$$

Um ganz deutlich zu sein, streifen wir zunächst noch einmal den klassischen Fall unterscheidbarer Teilchen. Wir haben erstens die N Teilchen auf die Energieintervalle zu verteilen. Dafür gibt es

$$\mathfrak{W}_1 = \frac{N!}{\Pi (\Delta P_\varepsilon)!} \tag{15}$$

Realisierungsmöglichkeiten. Zweitens sind die ΔP_ε Teilchen auf die $\mathfrak{N}_\varepsilon \Delta\varepsilon$ Zustände des entsprechenden Energieintervalls zu verteilen. Wie durch vollständige Induktion leicht nachweisbar, beträgt die Anzahl der Realisierungsmöglichkeiten

$$\mathfrak{W}_\varepsilon = (\mathfrak{N}_\varepsilon \Delta\varepsilon)^{\Delta P_\varepsilon}. \tag{16}$$

Insgesamt ist also

$$\mathfrak{W} = \mathfrak{W}_{\text{gesamt}} \sim \Pi \frac{(\mathfrak{N}_\varepsilon \Delta\varepsilon)^{\Delta P_\varepsilon}}{(\Delta P_\varepsilon)!}. \tag{17}$$

Sucht man unter der Nebenbedingung konstanter Gesamtenergie

$$W = \sum \Delta P_\varepsilon \varepsilon \tag{11a}$$

das Maximum von log $\mathfrak{W}$, so führt mit Hilfe der STIRLINGschen Formel eine leichte Rechnung auf

$$\Delta P_\varepsilon = \mathfrak{N}_\varepsilon \Delta\varepsilon \, e^{-\beta\varepsilon},$$

also mit (14) auf das WIENsche Gesetz.

Wiederholen wir diese Betrachtung für nichtunterscheidbare Teilchen, so wird einfach

$$\mathfrak{W}_1 = 1,$$

während wir für $\mathfrak{W}_\varepsilon$ die von PLANCK verwendete Formel in der Gestalt

$$\mathfrak{W}_\varepsilon = \frac{(\mathfrak{N}_\varepsilon \Delta\varepsilon + \Delta P_\varepsilon - 1)!}{(\mathfrak{N}_\varepsilon \Delta\varepsilon - 1)!\,\Delta P_\varepsilon!}$$

benutzen müssen. Das Maximum von $\log \prod \mathfrak{W}_\varepsilon$ unter der Nebenbedingung (11a) ist oben mit anderen Buchstaben bereits ermittelt worden. Es beträgt gemäß (12)

$$\Delta P_\varepsilon = \mathfrak{N}_\varepsilon \Delta\varepsilon \, \frac{1}{e^{\beta\varepsilon} - 1}, \tag{18}$$

was mit (14) das PLANCKsche Strahlungsgesetz ergibt.

Führen bei klassischer Behandlungsweise die Methode der Eigenschwingungen und die des Lichtteilchengases zu verschiedenen Ergebnissen, (zum Gesetz von RAYLEIGH-JEANS bzw. von WIEN), so sind die diskutierten nichtklassischen Korrekturen gerade derart beschaffen, daß beide Methoden das PLANCKsche Strahlungsgesetz liefern. Es kann also in zwei einander äquivalenten Weisen interpretiert werden:

Energie	Anzahl der Teilchenzustände im Energieintervall $(h\nu, h(\nu + d\nu))$	mittlere Besetzungszahl eines derartigen Zustandes	Energie eines Teilchens in einem derartigen Zustand
$u_\nu V\,d\nu$	$= \dfrac{8\pi\nu^2 V\,d\nu}{c^3}\ \cdot$	$\dfrac{1}{e^{h\nu/kT} - 1}\ \cdot$	$h\nu$
des Frequenzintervalls $(\nu, \nu + d\nu)$	Anzahl der Wellen in diesem Intervall	mittlere Energie einer solchen Welle	

Teil 2

Über das Verhältnis zwischen dem Emissionsvermögen und dem Absorptionsvermögen der Körper für Wärme und Licht*)

von Gustav Kirchhoff

Ein Körper, der in einer Hülle sich befindet, deren Temperatur der seinigen gleich ist, ändert durch Wärmestrahlung nicht seine Temperatur, absorbiert also in einer gewissen Zeit eben so viel Strahlen als er aussendet. Schon vor langer Zeit hat man hieraus den Schluß gezogen, daß bei derselben Temperatur das Verhältnis zwischen dem Emissionsvermögen und dem Absorptionsvermögen für alle Körper das gleiche ist. Dabei hat man vorausgesetzt, daß die Körper nur Strahlen *einer* Gattung aussenden. Dieser Satz ist durch Versuche, namentlich von den Hrn. de la Provostaye und Desains in vielen Fällen bestätigt gefunden, in denen die Gleichartigkeit der ausgesendeten Strahlen wenigstens näherungsweise insofern vorausgesetzt werden konnte, als die Strahlen dunkle waren. Ob ein ähnlicher Satz gilt, wenn die Körper gleichzeitig Strahlen verschiedener Gattung aussenden, was strenggenommen wohl immer der Fall ist, darüber ist bisher weder durch theoretische Betrachtungen noch durch Versuche etwas ermittelt. Ich habe nun gefunden, daß jener Satz seine Gültigkeit auch *dann* behält, sobald man nur unter dem Emissionsvermögen die Intensität der ausgesendeten Strahlen *einer Gattung* versteht und das Absorptionsvermögen auf Strahlen derselben Gattung bezieht. *Das Verhältnis zwischen dem Emissionsvermögen und dem Absorptionsvermögen,* diese Begriffe in der bezeichneten Weise genommen, *ist für alle Körper bei derselben Temperatur dasselbe.* Ich will hier den theoretischen Beweis dieses Satzes führen und dann einige merk-

*) Ann. Physik **19** (1860) 275–301.

würdige Folgerungen entwickeln, die unmittelbar aus demselben fließen, und die teils bekannte Erscheinungen kennenlehren.

Ein jeder Körper sendet Strahlen aus, deren Qualität und Intensität von seiner Natur und seiner Temperatur abhängig ist. Zu diesen können unter gewissen Umständen noch andere Strahlen hinzukommen; es findet das z. B. statt, wenn der Körper bis zu einem genügenden Grade elektrisiert ist, oder wenn er phosphoresziert oder fluoresziert.

Solche Fälle sollen hier ausgeschlossen sein. Wird der Körper von außen her von Strahlen getroffen, so absorbiert er einen Teil derselben und verwandelt ihn in Wärme. Zu *dieser* Absorption kann unter gewissen Verhältnissen noch eine andere kommen, was z. B. geschieht, wenn der Körper ein Lichtsauger ist, oder wenn er fluoresziert. Es wird hier vorausgesetzt, daß alle absorbierten Strahlen in Wärme verwandelt werden.

§ 1. Vor einem Körper C, Fig. 1,[1]) denke man sich zwei Schirme S_1 und S_2 aufgestellt, in welchen die beiden Öffnungen 1 und 2 sich befinden, deren Dimensionen unendlich klein gegen ihre Entfernung sind und von denen eine jede einen Mittelpunkt hat. Durch diese Öffnungen tritt von dem Körper C ein Strahlenbündel. Von diesem betrachte man den Teil, dessen Wellenlängen zwischen λ und $\lambda + d\lambda$ liegen, und zerlege denselben in zwei polarisierte Komponenten, deren Polarisationsebenen die aufeinander rechtwinkligen, durch die Achse des Strahlenbündels gehenden Ebenen a und b sind. Die Intensität der nach a polarisierten Komponente sei $E\,d\lambda$: E heiße das Emissionsvermögen des Körpers.

Auf den Körper C falle umgekehrt durch die Öffnungen 2 und 1 ein Strahlenbündel von der Wellenlänge λ, das nach der Ebene a polarisiert ist; von diesem absorbiert der Körper einen Teil, während er das Übrige teils durchläßt, teils reflektiert; das Verhältnis der Intensität der

---

[1]) S. Abb. 2 auf S. 16 des vorliegenden Buches.

absorbierten Strahlen zu der der auffallenden sei A und heiße das Absorptionsvermögen des Körpers.

Die Größen E und A hängen ab von der Natur und Temperatur des Körpers C, von der Lage und Gestalt der Öffnungen 1 und 2, von der Wellenlänge λ und der Richtung der Ebene a. Es soll nachgewiesen werden, daß das Verhältnis von E zu A von der Natur des Körpers unabhängig ist; es wird sich dabei von selbst ergeben, daß dieses Verhältnis auch nicht veränderlich mit der Richtung der Ebene a ist, und seine Abhängigkeit von der Lage und Gestalt der Öffnungen 1 und 2 wird sich leicht ausdrücken lassen, so daß nur unbekannt bleibt, wie es von der Temperatur und der Wellenlänge λ abhängt.

Der Beweis, welcher für die ausgesprochene Behauptung hier gegeben werden soll, beruht auf der Annahme, daß Körper denkbar sind, welche bei unendlich kleiner Dicke alle Strahlen, die auf sie fallen, vollkommen absorbieren, also Strahlen weder reflektieren noch hindurchlassen. Ich will solche Körper *vollkommen schwarze*, oder kürzer *schwarze*, nennen. Es ist nötig, zuerst die Strahlung solcher schwarzer Körper zu untersuchen.

§ 2. Es sei C ein schwarzer Körper, sein Emissionsvermögen, das im allgemeinen durch E bezeichnet ist, wird e genannt; es soll bewiesen werden, daß e ungeändert bleibt, wenn C durch irgendeinen anderen schwarzen Körper von derselben Temperatur ersetzt wird.

Man denke sich den Körper C in eine schwarze Hülle eingeschlossen, von der der Schirm S_1 einen Teil ausmacht; der zweite Schirm sei, wie der erste, aus einer schwarzen Substanz gebildet und beide seien durch schwarze Seitenwände ringsum miteinander verbunden, Fig. 2[1]). Die Öffnung 2 denke man sich zuerst durch eine gleichfalls schwarze Fläche, die ich die Fläche 2 nennen will, verschlossen. Das ganze System soll dieselbe Temperatur besitzen und durch eine für Wärme undurchdringliche Hülle, etwa durch eine geschlossene, vollkommen spie-

---

[1]) S. Abb. 2 auf S. 16 des vorliegenden Buches.

gelnde Fläche, vor Wärmeverlust nach außen geschützt sein. Die Temperatur des Körpers C bleibt sich dann gleich, es muß daher die Summe der Intensitäten der Strahlen, die ihn treffen (und die er der Voraussetzung gemäß vollständig absorbiert) gleich sein der Summe der Intensitäten der Strahlen, die er aussendet. Nun stelle man sich vor, daß die Fläche 2 entfernt und die freigemachte Öffnung verschlossen werde durch ein unmittelbar dahinter gesetztes Stück einer vollkommen spiegelnden Kugelfläche, die ihren Mittelpunkt in dem Mittelpunkte der Öffnung 1 hat. Das Gleichgewicht der Temperatur wird auch dann bestehen. Jene Gleichheit der Intensität der Strahlen, die der Körper C aussendet, und derer, von welchem er getroffen wird, muß also auch jetzt stattfinden. Da aber der Körper C jetzt dieselben Strahlen aussendet, wie in dem vorher gedachten Falle, so folgt, daß die Intensität der Strahlen, welche in beiden Fällen den Körper C treffen, dieselbe ist. Durch die Entfernung der Fläche 2 sind dem Körper C die Strahlen entzogen, die jene durch die Öffnung 1 hindurchsendete: dafür wirft der in der Öffnung 2 angebrachte Hohlspiegel diejenigen Strahlen zu dem Körper C zurück, die dieser selbst durch die Öffnungen 1 und 2 hindurchsendet. Es ergibt sich hieraus, daß die Intensität des Strahlenbündels, welches der Körper C durch die Öffnungen 1 und 2 ausschickt, gleich ist der Intensität des Strahlenbündels, welches die schwarze Fläche 2 bei derselben Temperatur durch die Öffnung 1 entsendet. Jene Intensität ist also unabhängig von der Gestalt und weiteren Beschaffenheit des schwarzen Körpers C. Es wäre hiermit der ausgesprochene Satz bewiesen, wenn alle Strahlen der beiden eben miteinander verglichenen Strahlenbündel von der Wellenlänge λ und nach der Ebene a polarisiert wären. Die Rücksicht auf die Verschiedenartigkeit dieser Strahlen macht etwas verwickeltere Betrachtungen nötig.

§ 3. Bei der in Fig. 2 dargestellten Anordnung denke man sich zwischen die Öffnungen 1 und 2 eine kleine Platte P

(Fig. 3)[1]) gebracht, die in den sichtbaren Strahlen die Farben dünner Blättchen zeigt und die teils wegen ihrer geringen Dicke, teils wegen ihrer substantiellen Beschaffenheit eine merkliche Strahlenmenge weder aussendet noch absorbiert. Die Platte sei so gerichtet, daß das durch die Öffnungen 1 und 2 tretende Strahlenbündel sie unter dem Polarisationswinkel trifft und die Einfallsebene die Ebene a ist. Die Wand, welche die Schirme S_1 und S_2 miteinander verbindet, sei so gestaltet, daß das Spiegelbild, welches die Platte P von der Öffnung 2 entwirft, in ihr liegt; an dem Orte und von der Gestalt dieses Spiegelbildes denke man sich eine Öffnung, welche ich die Öffnung 3 nennen will. Die Öffnung 2 sei durch eine schwarze Fläche von der Temperatur des ganzen Systemes, die Öffnung 3 *einmal* durch eine ebensolche Fläche, die ich als die Fläche 3 bezeichnen werde, *das andere Mal* durch einen vollkommenen Hohlspiegel verschlossen, der seinen Mittelpunkt an dem Orte des Spiegelbildes hat, das die Platte P von dem Mittelpunkte der Öffnung 1 entwirft. In beiden Fällen findet ein Gleichgewicht der Wärme statt; durch eine Betrachtung, wie sie im vorigen § durchgeführt ist, folgt daraus, daß die Summe der Intensitäten der Strahlen, die durch Entfernung der Fläche 3 dem Körper C entzogen werden, gleich ist der Summe der Intensitäten der Strahlen, die diesem durch Anbringung des Hohlspiegels zugeführt werden. Ein schwarzer Schirm (von der Temperatur des ganzen Systemes), S_3, sei so aufgestellt, daß direkt keine von den Strahlen, die die Fläche 3 aussendet, die Öffnung 1 treffen. Die erste Summe ist dann die Intensität der Strahlen, die von der Fläche 3 ausgegangen, an der Platte P reflektiert und durch die Öffnung 1 getreten sind; sie werde durch Q bezeichnet. Die zweite Summe setzt sich aus zwei Teilen zusammen; der eine Teil rührt von dem Körper C her und ist:

$$= \int_0^\infty d\lambda \, e r^2,$$

[1]) S. Abb. 3 auf S. 20 des vorliegenden Buches.

wo r eine von der Beschaffenheit der Platte P und der Wellenlänge λ abhängige Größe bedeutet; der zweite Teil rührt von Strahlen her, welche von einem Teil der schwarzen Wand ausgegangen sind, die die Schirme S_1 und S_2 verbindet, die Platte P durchdrungen haben, von dem Hohlspiegel und dann von der Platte P reflektiert sind; dieser Teil werde durch R bezeichnet. Es ist unnötig, den Wert von R näher zu untersuchen; es genügt zu bemerken, daß R, ebenso wie Q, von der Beschaffenheit des Körpers C unabhängig ist. Zwischen den eingeführten Größen besteht die Gleichung:

$$\int_0^\infty d\lambda\, e r^2 + R = Q.$$

Denkt man sich nun den Körper C durch einen anderen schwarzen Körper von derselben Temperatur ersetzt und bezeichnet man für diesen mit e', was man für jenen mit e bezeichnet hat, so gilt auch die Gleichung:

$$\int_0^\infty d\lambda\, e' r^2 + R = Q.$$

Hieraus folgt:

$$\int_0^\infty d\lambda (e - e')\, r^2 = 0.$$

Man nehme nun an, daß das Brechungsverhältnis der Platte P unendlich wenig von der Einheit verschieden ist. Aus der Theorie der Farben dünner Blättchen folgt dann, daß

$$r = \varrho \sin^2 \frac{p}{\lambda}$$

gesetzt werden kann, wo p eine mit der Dicke der Platte P proportionale, von λ unabhängige, ϱ eine von dieser Dicke unabhängige Größe bedeutet. Hierdurch wird die abgeleitete Gleichung:

$$\int_0^\infty d\lambda (e - e')\, \varrho^2 \sin^4 \frac{p}{\lambda} = 0.$$

Daraus, daß diese Gleichung für jede Dicke der Platte P, also für jeden Wert von p bestehen muß, läßt sich schließen, daß für jeden Wert von λ

$$e - e' = 0$$

ist. Um den Beweis hierfür zu führen, setze man in jene Gleichung für $\sin^4 p/\lambda$:

$$\frac{1}{8}\left(\cos 4\frac{p}{\lambda} - 4\cos 2\frac{p}{\lambda} + 3\right)$$

und differenziere sie zweimal nach p; man erhält dadurch:

$$\int_0^\infty d\lambda \, \frac{(e - e')\,\varrho^2}{\lambda^2}\left(\cos 4\frac{p}{\lambda} - \cos 2\frac{p}{\lambda}\right) = 0.$$

Anstelle von λ führe man nun eine neue Größe α durch die Gleichung:

$$\frac{2}{\lambda} = \alpha$$

ein und setze:

$$(e - e')\,\varrho^2 = f(\alpha).$$

Man erhält dadurch:

$$\int_0^\infty d\alpha\, f(\alpha)\,(\cos 2\,p\alpha - \cos p\alpha) = 0.$$

Erwägt man, daß, wenn $\varphi(\alpha)$ eine beliebige Funktion von α bedeutet,

$$\int_0^\infty d\alpha\,\varphi(\alpha)\cos 2p\alpha = \frac{1}{2}\int_0^\infty d\alpha\,\varphi\left(\frac{\alpha}{2}\right)\cos p\alpha$$

ist, wovon man sich überzeugt, wenn man für α $\alpha/2$ setzt, so kann man dafür schreiben:

$$\int_0^\infty d\alpha\left(f\left(\frac{\alpha}{2}\right) - 2f(\alpha)\right)\cos p\alpha = 0.$$

Diese Gleichung multipliziere man mit

$$dp \cos xp,$$

wo x eine willkürliche Größe bedeutet, und integriere sie von $p = 0$ bis $p = \infty$. Nach dem FOURIERschen Satze, der durch die Gleichung

$$\int_0^\infty dp \cos px \int_0^\infty d\alpha \varphi(\alpha) \cos p\alpha = \frac{\pi}{2} \varphi(x)$$

ausgesprochen ist, erhält man dadurch:

$$f\left(\frac{x}{2}\right) = 2f(x)$$

oder

$$f\left(\frac{\alpha}{2}\right) = 2f(\alpha).$$

Hieraus folgt, daß $f(\alpha)$ entweder für alle Werte von α verschwindet oder unendlich groß werden muß, wenn α sich der Null nähert. Wenn α sich der Null nähert, wird λ unendlich. Erinnert man sich an die Bedeutung von $f(\alpha)$ und erwägt, daß ϱ ein echter Bruch ist und daß weder e noch e' unendlich werden können, wenn λ ins Unendliche wächst, so sieht man ein, daß der zweite Fall nicht stattfinden kann, und daß daher für alle Werte von λ

$$e = e'$$

sein muß.

§ 4. Wenn das Strahlenbündel, welches der schwarze Körper C durch die Öffnungen 1 und 2 aussendet, teilweise geradlinig polarisiert wäre, so müßte die Polarisationsebene des polarisierten Anteiles sich drehen, wenn der Körper C um die Achse des Strahlenbündels gedreht würde. Eine solche Drehung müßte daher den Wert von e ändern. Da nach der bewiesenen Gleichung eine solche Änderung nicht eintreten kann, so hat das Strahlenbündel keinen geradlinig polarisierten Teil. Es läßt sich beweisen, daß dasselbe auch keinen zirkular polarisierten Teil haben kann. Der Beweis dafür soll aber hier nicht geführt werden. Auch ohne denselben gibt man zu, daß schwarze Körper sich denken lassen, in deren Struktur kein Grund liegt, weshalb sie in irgendeiner Richtung mehr zirkular polarisierte Strahlen der *einen* Art als zirkular polarisierte Strahlen der *anderen* Art aussenden sollten. Von dieser Beschaffenheit sollen die schwarzen Körper, die in der weiteren Betrachtung vorkommen, vorausgesetzt werden; sie geben in allen Richtungen nichtpolarisierte Strahlen aus.

§ 5. Die mit e bezeichnete Größe hängt außer von der Temperatur und der Wellenlänge von der Gestalt und relativen Lage der Öffnungen 1 und 2 ab. Bezeichnet man durch w_1 und w_2 die Projektionen der Öffnungen auf Ebenen, die senkrecht auf der Achse des betrachteten Strahlenbündels stehen, und nennt s die Entfernung der Öffnungen, so ist:

$$e = I \frac{w_1 \, w_2}{s^2},$$

wo I nur eine Funktion der Wellenlänge und der Temperatur bedeutet.

§ 6. Da die Gestalt des Körpers C eine willkürliche ist, so kann man für denselben auch eine Fläche substituieren, welche die Öffnung 1 gerade ausfüllt und welche ich die Fläche 1 nennen will; der Schirm S_1 kann dann fortgedacht werden. Auch der Schirm S_2 kann fortgedacht werden, wenn man das Strahlenbündel, auf welches sich e bezieht, als dasjenige definiert, das von der Fläche 1 auf die Fläche 2 fällt, welche die Öffnung 2 gerade ausfüllt.

§ 7. Eine Folgerung aus der letzten Gleichung, die sich unmittelbar darbietet und die später benutzt werden wird, ist die, daß der Wert von e ungeändert bleibt, wenn man die Öffnungen 1 und 2 miteinander vertauscht denkt.

§ 8. Es soll jetzt ein Satz bewiesen werden, welcher als eine Verallgemeinerung des im letzten § ausgesprochenen Satzes betrachtet werden kann.

Zwischen den beiden schwarzen Flächen gleicher Temperatur, 1 und 2, stelle man sich Körper vor, welche die Strahlen, die jene einander zusenden, auf beliebige Weise brechen, reflektieren und absorbieren. Es können mehrere Strahlenbündel von der Fläche 1 nach der Fläche 2 gelangen; unter diesen wähle man eins, betrachte von demselben bei 1 den Teil, dessen Wellenlängen zwischen λ und $\lambda + d\lambda$ liegen, und zerlege diesen in zwei Komponenten, deren Polarisationsebenen die aufeinander senkrechten (sonst beliebigen) Ebenen a_1 und b_1 sind. Was von der ersten Komponente in 2 ankommt, zerlege man in zwei Komponenten, deren Polarisationsebenen die aufeinander senkrechten (sonst beliebigen) Ebenen a_2 und b_2 sind. Die Intensität der nach a_2 polarisierten Komponente sei $K\, d\lambda$. Von dem Strahlenbündel, welches auf demselben Wege wie das vorige von 2 nach 1 geht, betrachte man bei 2 den Teil, dessen Wellenlängen zwischen λ und $\lambda + d\lambda$ liegen, und zerlege diesen in zwei nach a_2 und b_2 polarisierte Komponenten. Was von der ersten Komponente in 1 ankommt, zerlege man in zwei Komponenten, deren Polarisationsebenen a_1 und b_1 sind. Die Intensität der nach a_1 polarisierten Komponente sei $K'\, d\lambda$. Dann ist

$$K = K'.$$

Der Beweis dieses Satzes soll zunächst unter der Voraussetzung geführt werden, daß die betrachteten Strahlen auf ihrem Wege keine Schwächung erleiden, unter der Voraussetzung also, daß die Brechungen und Reflexionen ohne Verlust geschehen, daß Absorption nicht stattfindet und daß die aus 1 nach a_1 polarisiert austretenden Strahlen in 2 nach a_2 polarisiert ankommen, so wie umgekehrt.

Durch den Mittelpunkt von 1 lege man eine Ebene senkrecht zur Achse des hier austretenden oder ankommenden Strahlenbündels und denke sich in dieser ein rechtwinkliges Koordinatensystem, dessen Anfangspunkt jener Mittelpunkt ist, x_1, y_1 seien die Koordinaten eines Punktes der Ebene, Fig. 4[1]). In der Einheit der Entfernung von

[1]) S. Abb. 6 auf S. 27 des vorliegenden Buches.

dieser Ebene denke man sich eine zweite, ihr parallele, und in dieser ein Koordinatensystem, dessen Achsen parallel denen jenes sind und dessen Anfangspunkt in der Achse des Strahlenbündels liegt. x_3, y_3 seien die Koordinaten eines Punktes dieser Ebene. In ähnlicher Weise lege man durch den Mittelpunkt von 2 eine Ebene senkrecht zur Achse des hier austretenden oder auffallenden Strahlenbündels und führe in dieser ein rechtwinkliges Koordinatensystem ein, dessen Anfangspunkt der genannte Mittelpunkt ist. x_2, y_2 seien die Koordinaten eines Punktes der Ebene. In der Einheit der Entfernung von dieser Ebene und ihr parallel denke man sich endlich eine vierte und in derselben ein Koordinatensystem, dessen Achsen den Achsen der x_2, y_2 parallel sind und dessen Anfangspunkt in der Achse des Strahlenbündels liegt. x_4, y_4 seien die Koordinaten eines Punktes dieser vierten Ebene.

Von einem beliebigen Punkte (x_1, y_1) geht ein Strahl nach einem beliebigen Punkte (x_2, y_2); die Zeit, die er gebraucht, um von jenem Punkte nach diesem zu gelangen, sei T; sie ist eine Funktion von x_1, y_1, x_2, y_2, welche als bekannt vorausgesetzt werden soll. Wenn die Punkte (x_3, y_3) und (x_4, y_4) auf dem Wege des genannten Strahles liegen, so ist (wenn der Kürze wegen die Fortpflanzungsgeschwindigkeit des Strahles im leeren Raume als Einheit angenommen wird) die Zeit, die der Strahl gebraucht, um von (x_3, y_3) nach (x_4, y_4) zu gelangen,

$$= T - \sqrt{1 + (x_1 - x_3)^2 + (y_1 - y_3)^2} \\ - \sqrt{1 + (x_2 - x_4)^2 + (y_2 - y_4)^2}.$$

Gesetzt, die Punkte (x_3, y_3), (x_4, y_4) wären gegeben und die Punkte (x_1, y_1), (x_2, y_2) gesucht, so würde man diese finden können aus der Bedingung, daß der eben aufgestellte Ausdruck ein Minimum ist. Nimmt man an, daß die 8 Koordinaten x_1, y_1, x_2, y_2, x_3, y_3, x_4, y_4 unendlich klein sind, so drücken hiernach die folgenden Gleichungen die Bedingungen dafür aus, daß die vier Punkte (x_1, y_1),

(x_2, y_2), (x_3, y_3), (x_4, y_4) auf *einem* Strahle liegen:

$$x_3 = x_1 - \frac{\partial T}{\partial x_1} \qquad x_4 = x_2 - \frac{\partial T}{\partial x_2}$$

$$y_3 = y_1 - \frac{\partial T}{\partial y_1} \qquad y_4 = y_2 - \frac{\partial T}{\partial y_2}.$$

Nun sei (x_1, y_1) ein Punkt der Projektion der Fläche 1 auf die Ebene der x_1, y_1, dx_1, dy_1 ein Element dieser Projektion, in dem der Punkt (x_1, y_1) liegt und das von einer höheren Ordnung unendlich klein ist, als die Flächen 1 und 2 es sind. (x_3, y_3) sei ein Punkt eines Strahls, der von (x_1, y_1) ausgehend die Fläche 2 trifft, $dx_3\, dy_3$ ein Flächenelement, in dem der Punkt (x_3, y_3) liegt, von derselben Ordnung wie $dx_1\, dy_1$. Die Intensität der Strahlen von den bezeichneten Wellenlängen und der gewählten Polarisationsrichtung, die von $dx_1\, dy_1$ ausgehend durch $dx_3\, dy_3$ treten, ist dann nach § 5:

$$d\lambda\, I\, dx_1\, dy_1\, dx_3\, dy_3.$$

Nach der gemachten Voraussetzung gelangt die Strahlenmenge ungeschwächt auf die Fläche 2 und bildet ein Element der mit $K\, d\lambda$ bezeichneten Größe. Es ist K das gehörig begrenzte Integral

$$I \int\int\int\int dx_1\, dy_1\, dx_3\, dy_3.$$

Hier ist die Integration nach x_3 und y_3 über diejenigen Werte auszudehnen, welche diese Größen nach den für sie aufgestellten Gleichungen erhalten, während x_1 und y_1 konstante Werte behalten und x_2, y_2 alle Werte annehmen, die den Punkten der Projektion der Fläche 2 auf die Ebene der x_2, y_2 entsprechen: dann ist die Integration nach x_1, y_1 über die Projektion der Fläche 1 auszuführen. Das in der bezeichneten Weise begrenzte Doppelintegral

$$\int\int dx_3\, dy_3$$

ist aber

$$= \int\int \left(\frac{\partial x_3}{\partial x_2}\frac{\partial y_3}{\partial y_2} - \frac{\partial x_3}{\partial y_2}\frac{\partial y_3}{\partial x_2}\right) dx_2\, dy_2$$

oder nach den Gleichungen für x_3, y_3

$$=\iint\left(\frac{\partial^2 T}{\partial x_1\,\partial x_2}\,\frac{\partial^2 T'}{\partial y_1\,\partial y_2}-\frac{\partial^2 T}{\partial x_1\,\partial y_2}\,\frac{\partial^2 T}{\partial x_2\,\partial y_1}\right)\mathrm{d}x_2\,\mathrm{d}y_2,$$

wo die Integration über die Projektion der Fläche 2 auszudehnen ist. Hiernach wird:

$$K = I\iiiint\left(\frac{\partial^2 T}{\partial x_1\,\partial x_2}\,\frac{\partial^2 T}{\partial y_1\,\partial y_2}-\frac{\partial^2 T}{\partial x_1\,\partial y_2}\,\frac{\partial^2 T}{\partial x_2\,\partial y_1}\right)\mathrm{d}x_1\,\mathrm{d}y_1\,\mathrm{d}x_2\,\mathrm{d}y_2,$$

wo die Integration über die Projektionen der Flächen 1 und 2 zu nehmen ist.

Behandelt man auf dieselbe Weise die mit K' bezeichnete Größe und benutzt dabei, daß ein Strahl dieselbe Zeit gebraucht, um den Weg zwischen zwei Punkten in dem einen oder in dem anderen Sinne zurückzulegen, so findet man für K' denselben Ausdruck, der für K gefunden ist.

Hierdurch ist der ausgesprochene Satz bewiesen unter der beschränkenden Voraussetzung, unter der er zunächst bewiesen werden sollte. Diese Beschränkung wird aber unmittelbar gehoben durch eine von HELMHOLTZ in seiner physiologischen Optik S. 169 gemachte Bemerkung. HELMHOLTZ sagt hier (bei etwas anderer Bezeichnung): „Ein Lichtstrahl gelange nach beliebig vielen Brechungen, Reflexionen usw. von dem Punkte 1 nach dem Punkte 2. In 1 lege man durch seine Richtung zwei beliebige aufeinander senkrechte Ebenen a_1 und b_1, nach welchen seine Schwingungen zerlegt gedacht werden. Zwei eben solche Ebenen a_2 und b_2 werden durch den Strahl in 2 gelegt. Alsdann läßt sich folgendes beweisen: Wenn die Quantität i nach der Ebene a_1 polarisierten Lichts von 1 in der Richtung des besprochenen Strahls ausgeht und davon die Quantität k nach der Ebene a_2 polarisierten Lichts in 2 ankommt, so wird rückwärts, wenn die Quantität i nach a_2

polarisierten Lichts von 2 ausgeht, dieselbe Quantität $\cdot k$ nach a_2 polarisierten Lichts in 1 ankommen[1])".

Benutzt man diesen Satz und bezeichnet mit γ den Wert des Verhältnisses k/i für die beiden Strahlen, die zwischen den Punkten (x_1, y_1) und (x_2, y_2) in dem einen und dem anderen Sinne sich bewegen, so erhält man sowohl für K als für K' einen Ausdruck, der von dem gefundenen nur dadurch sich unterscheidet, daß unter den Integralzeichen noch γ als Faktor auftritt.

Die Gleichheit von K und K' findet hiernach auch dann statt, wenn γ einen verschiedenen Wert für die Strahlen hat, in welche eines der verglichenen Strahlenbündel geteilt werden kann; sie hört z. B. nicht auf, wenn ein Teil des Strahlenbündels durch einen Schirm aufgefangen wird.

§ 9. Von denselben Strahlenbündeln, die im vorigen § miteinander verglichen sind, gilt auch der folgende Satz: Von dem Strahlenbündel, welches von 1 nach 2 geht, betrachte man bei 2 den Teil, dessen Wellenlängen zwischen λ und $\lambda + d\lambda$ liegen, und zerlege diesen in zwei Komponenten, die nach a_2 und b_2 polarisiert sind; die Intensität der ersten Komponente sei $H\,d\lambda$. Von dem Strahlenbündel, welches von 2 nach 1 geht, betrachte man bei 2 den Teil, dessen Wellenlängen zwischen λ und $\lambda + d\lambda$ liegen, und zerlege diesen in 2 Komponenten, die nach a_2 und b_2 polarisiert sind. Was von der ersten Komponente in 1 ankommt, sei $H'\,d\lambda$. Dann ist

$$H = H'.$$

Der Beweis dieses Satzes ist der folgende. K und K' sollten dieselbe Bedeutung wie im vorigen § haben; L und

[1]) Der Satz von HELMHOLTZ gilt, wie dieser bemerkt, nicht, wenn die Polarisationsebene des Strahles eine Drehung erfährt, wie magnetische Kräfte sie nach der Entdeckung FARADAYs hervorbringen; man hat daher bei den folgenden Betrachtungen magnetische Kräfte sich als nicht wirksam zu denken. HELMHOLTZ beschränkt seinen Satz auch durch die Annahme, daß das Licht keine Änderung der Brechbarkeit erfahre, wie sie bei der Fluoreszenz vorkommt; diese Beschränkung hört auf nötig zu sein, wenn man bei der Anwendung des Satzes immer nur Strahlen einer Wellenlänge ins Auge faßt.

L' seien die Größen, die aus K und K' entstehen, wenn die Ebene a_1 mit der Ebene b_1 vertauscht wird. Dann ist $L = L'$, ebenso wie $K = K'$. Weiter ist

$$H = K + L,$$

weil senkrecht aufeinander polarisierte Strahlen nicht interferieren, wenn sie auf eine gemeinschaftliche Polarisationsebene zurückgeführt sind, falls sie Teile eines nicht polarisierten Strahles sind, und nach § 4 die Fläche 1 nichtpolarisierte Strahlen aussendet.

Endlich hat man

$$H' = K' + L',$$

weil zwei Strahlen, deren Polarisationsebenen senkrecht aufeinander sind, nicht interferieren. Aus diesen Gleichungen folgt:

$$H = H'.$$

§ 10. Es habe Fig. 2 dieselbe Bedeutung, die in § 3 angegeben ist, nur sei der Körper C kein schwarzer, sondern ein beliebiger. Die Öffnung 2 sei durch die Fläche 2 verschlossen. Diese Fläche sendet durch die Öffnung 1 auf den Körper C ein Strahlenbündel, das von diesem zum Teil absorbiert, zum Teil durch Brechungen und Reflexionen nach verschiedenen Richtungen zerstreut wird. Von diesem Strahlenbündel betrachte man zwischen 2 und 1 den Teil, dessen Wellenlängen zwischen λ und $\lambda + d\lambda$ liegen, und zerlege denselben in zwei Komponenten, die nach der Ebene a und der auf dieser senkrechten Ebene polarisiert sind. Was von der ersten Komponente der Absorption durch den Körper C entgeht, also die schwarze Hülle trifft, in die der Körper C eingeschlossen ist, sei $M'\, d\lambda$. Von den Strahlen, welche die Teile dieser Hülle dem Körper C zusenden, werden gewisse durch die Öffnung 1 auf die Fläche 2 fallen; durch die Vermittlung des Körpers C wird so ein Strahlenbündel erzeugt, welches durch die Öffnung 1 nach der Fläche 2 geht. Von diesem betrachte man den Teil, dessen Wellenlängen zwischen λ und $\lambda + d\lambda$ liegen, und zerlege denselben in zwei Komponenten, die nach a und der auf a senkrechten Ebene polarisiert sind. Die Intensität der ersten Komponente sei M dλ. Dann ist

$$M = M'.$$

Die Richtigkeit dieses Satzes ergibt sich aus dem Satze des vorigen §, wenn man diesen auf alle Strahlenbündel anwendet, welche die Fläche 2 und je ein Element der schwarzen Hülle, die den Körper C umgibt, durch Vermittlung des Körpers C miteinander austauschen, und dann die Summe der Gleichungen bildet, die man so erhält.

§ 11. Man denke sich die in Fig. 3 dargestellte und in § 3 beschriebene Anordnung; nur der Körper C sei kein schwarzer, sondern ein beliebiger. In den beiden dort bezeichneten Fällen findet auch dann das Gleichgewicht der Wärme statt; auch dann muß daher die lebendige Kraft, die durch Entfernung der schwarzen Fläche 3 dem Körper C entzogen wird, der lebendigen Kraft gleich sein, die diesem durch Anbringung des Hohlspiegels zugeführt wird. Die in § 3 gebrauchten Zeichen sollen in unveränderter Bedeutung hier benutzt werden; die Zeichen E und A sollen die in § 1 angegebene Bedeutung haben. Die lebendige Kraft, die dem Körper C durch Entfernung der Fläche 3 entzogen wird, ist dann bei Rücksicht auf § 7

$$= \int_0^\infty \mathrm{d}\lambda\, erA.$$

Die lebendige Kraft, die der Körper C durch Vermittlung des Hohlspiegels gewinnt, setzt sich aus drei Teilen zusammen. Der erste dieser Teile rührt von Strahlen her, die der Körper C selbst aussendet; er ist

$$= \int_0^\infty \mathrm{d}\lambda\, Er^2 A.$$

Der zweite Teil rührt her von Strahlen, die von der dem Hohlspiegel gegenüberliegenden schwarzen Wand ausgegangen sind, die Platte P durchdrungen, an dem Hohlspiegel eine und an der Platte P eine zweite Reflexion erlitten haben; er ist nach § 9:

$$= \int_0^\infty d\lambda\, er(1 - r)\, A\,.$$

Der dritte Teil endlich rührt her von Strahlen, die von verschiedenen Punkten der schwarzen Hülle, welche den Körper C umgibt, auf diesen gefallen, durch Reflexionen oder Brechungen von ihm durch die Öffnung 1 nach der Fläche 2 hingeworfen und durch eine Reflexion an der Platte P, eine zweite am Hohlspiegel und eine dritte wieder an der Platte P durch die Öffnung 1 zurückgetrieben sind. Benutzt man das in § 10 definierte Zeichen M, so ist dieser Teil

$$= \int_0^\infty d\lambda\, M r^2 A\,.$$

Es kann zweifelhaft erscheinen, ob der erste und der dritte Teil richtig angegeben sind, wenn der Körper C gerade eine solche Lage hat, daß ein endlicher Teil des Strahlenbündels, welches die Fläche 2 durch die Öffnung 1 ihm zusendet, von ihm wieder zur Fläche 2 zurückgeworfen wird. Solche Fälle sollen daher vorläufig ausgeschlossen sein.

Nach § 10 hat man $M = M'$, und nach der Definition von M' ist

$$M' = e(1 - A)\,.$$

Jener dritte Teil ist daher

$$= \int_0^\infty d\lambda\, e(1 - A)\, r^2 A\,,$$

und es ergibt sich die Gleichung:

$$\int_0^\infty d\lambda (E - Ae)\, A r^2 = 0\,.$$

Durch dieselben Betrachtungen, die in § 3 in Bezug auf eine ähnliche Gleichung angestellt sind, gelangt man von dieser zu dem Schlusse, daß für jeden Wert von λ

$$\frac{E}{A} = e,$$

oder, wenn man für e seinen Wert aus § 5 setzt:

$$\frac{E}{A} = I\,\frac{w_1 w_2}{s^2}$$

ist.

Hierdurch ist der Satz, der in dieser Abhandlung bewiesen werden sollte, bewiesen unter der Voraussetzung, daß von dem Strahlenbündel, welches von der Fläche 2 durch die Öffnung 1 auf den Körper C fällt, kein endlicher Teil durch diesen nach der Fläche 2 zurückgeworfen wird; daß der Satz auch ohne diese Beschränkung gilt, sieht man ein, wenn man erwägt, daß, wenn die genannte Voraussetzung nicht erfüllt ist, man den Körper C nur unendlich wenig zu drehen braucht, um ihr zu genügen, und daß durch eine solche Drehung die Größen E und A nur unendlich kleine Änderungen erleiden können.

Die mit I bezeichnete Größe ist, wie in § 5 bemerkt, eine Funktion der Wellenlänge und der Temperatur. Es ist eine Aufgabe von hoher Wichtigkeit, diese Funktion zu finden. Der experimentellen Bestimmung derselben stehen große Schwierigkeiten im Wege; trotzdem scheint die Hoffnung begründet, sie durch Versuche ermitteln zu können, da sie unzweifelhaft von einfacher Form ist, wie alle Funktionen es sind, die nicht von den Eigenschaften einzelner Körper abhängen, und die man bisher kennengelernt hat. Erst wenn diese Aufgabe gelöst ist, wird die ganze Fruchtbarkeit des bewiesenen Satzes sich zeigen können; aber auch jetzt schon lassen sich wichtige Schlüsse aus demselben ziehen.

§ 12. Wenn man einen bestimmten Körper, einen Platindraht z. B., allmählich erhitzt, so sendet er, bis seine Temperatur eine gewisse geworden ist, nur Strahlen aus, deren Wellenlängen größer sind, als die der sichtbaren Strahlen. Bei einer gewissen Temperatur fangen Strahlen von der Wellenlänge des äußersten Rot an sich zu zeigen; steigt die Temperatur höher und höher, so kommen Strahlen von kleinerer und kleinerer Wellenlänge hinzu, in der Art, daß bei jeder Temperatur Strahlen von einer entsprechenden Wellenlänge auftreten, während die Intensität der Strahlen größerer Wellenlängen wächst. Wendet man den bewiesenen Satz auf diesen Fall an, so sieht man, daß die Funktion I, für eine Wellenlänge, gleich Null ist für alle Temperaturen unterhalb einer gewissen, der Wellenlänge entsprechenden Temperatur[1]) und für höhere Temperaturen mit diesen wächst. Hieraus folgt, wenn man nun denselben Satz auf andere Körper anwendet, daß alle Körper, wenn ihre Temperatur allmählich erhöht wird, bei derselben Temperatur Strahlen von derselben Wellenlänge auszusenden beginnen, also bei derselben Temperatur rot zu glühen, bei einer höheren, allen gemeinsamen Temperatur gelbe Strahlen usw. auszugeben anfangen. Die Intensität der Strahlen von gewisser Wellenlänge, welche verschiedene Körper bei derselben Temperatur ausschicken, kann aber eine sehr verschiedene sein; sie ist proportional mit dem Absorptionsvermögen der Körper für Strahlen der in Rede stehenden Wellenlänge. Bei derselben Temperatur glüht deshalb Metall lebhafter als Glas, und dieses mehr als ein Gas. Ein Körper, der bei den höchsten Temperaturen ganz durchsichtig bliebe, würde niemals glühen. In einen aus Platindraht gebogenen Ring von etwa 5mm Durchmesser brachte ich etwas phosphorsaures Natron und erhitzte dasselbe in der wenig leuchtenden Flamme der Bunsenschen Gaslampe. Das Salz schmolz, bildete eine flüssige Linse und blieb dabei vollkommen klar; aber es leuchtete auch gar nicht, während der dasselbe berührende Platinring das lebhafteste Licht ausstrahlte.

[1]) Tatsächlich verschwindet die Funktion E/A für endliche Wellenlängen und endliche Temperaturen niemals exakt, sondern nähert sich der Null nur asymptotisch. [Anm. des Herausgebers.]

§ 15. Aus dem Satze, der in dem ersten Teil dieser Abhandlung bewiesen ist, folgt, daß ein Körper, der von Strahlen einer Polarisationsrichtung mehr absorbiert, als von denen einer anderen, in demselben Verhältnis Strahlen von der ersten Polarisationsrichtung mehr aussendet, als von denen der zweiten. Es muß hiernach, wie es bekanntlich geschieht, ein glühender undurchsichtiger Körper, der eine glatte Oberfläche hat, in Richtungen, die schief zu dieser Oberfläche sind, Licht aussenden, das teilweise polarisiert ist, und zwar senkrecht zu der Ebene, die durch den Strahl und die Normale der Oberfläche geht; denn von einfallenden Strahlen, die senkrecht zur Einfallsebene polarisiert sind, reflektiert der Körper weniger, absorbiert also mehr, als von Strahlen, deren Polarisationsebene die Einfallsebene ist. Man kann nach jenem Satz den Polarisationszustand der ausgesendeten Strahlen leicht angeben, wenn man das Gesetz der Reflexion auffallender Strahlen kennt.

Eine zur optischen Achse parallel geschliffene Turmalinplatte absorbiert bei gewöhnlicher Temperatur von Strahlen, die sie senkrecht treffen, mehr, wenn die Polarisationsebene dieser Achse parallel ist, als wenn die Polarisationsebene senkrecht zur Achse steht. Vorausgesetzt, daß die Turmalinplatte diese Eigenschaften bei der Glühhitze behält, muß sie bei dieser in einer zu ihr senkrechten Richtung Strahlen aussenden, die teilweise polarisiert sind, und zwar in der durch die optische Achse gelegten Ebene, in einer Ebene also, die senkrecht zu derjenigen ist, die die Polarisationsebene des Turmalins genannt wird. Ich habe diese auffallende, aus der entwickelten Theorie sich ergebende, Folgerung durch den Versuch geprüft, und sie hat sich bestätigt. Die benutzten Turmalinplatten ertrugen, in die Flamme der BUNSEN'schen Lampe gebracht, lange Zeit eine mäßige Glühhitze, ohne eine bleibende Veränderung zu erleiden; nur an den Ecken zeigten sie sich nach dem Erkalten getrübt. Die Eigenschaft, hindurchgehendes Licht zu polarisieren, kam ihnen auch in der Glühhitze zu, wenngleich in erheblich geringerem

Grade, als bei niedriger Temperatur. Es zeigte sich dieses, indem man durch ein doppeltbrechendes Prisma durch die Turmalinplatte hindurch nach einem Platindraht sah, der in derselben Flamme glühte. Die beiden Bilder des Platindrahtes hatten eine ungleiche Helligkeit, doch war ihr Unterschied viel geringer, als wenn die Turmalinplatte außerhalb der Flamme sich befand. Es wurde dem doppeltbrechenden Prisma die Stellung gegeben, bei der der Unterschied der Lichtstärke der beiden Bilder des Platindrahtes ein Maximum war; gesetzt, es wäre das hellere Bild das obere gewesen; es wurden dann, nach Entfernung des Platindrahtes, die beiden Bilder der Turmalinplatte miteinander verglichen. Es war das obere Bild, nicht auffallend, aber unzweifelhaft, dunkler als das untere; die beiden Bilder erschienen gerade, wie zwei gleiche, glühende Körper erschienen wären, von denen der obere eine niedrigere Temperatur als der untere besessen hätte.

§ 16. Noch eine Folgerung aus dem bewiesenen Satz möge hier zum Schluß Platz finden. Wenn ein Raum von Körpern gleicher Temperatur umschlossen ist und durch diese Körper keine Strahlen hindurchdringen können, so ist ein jedes Strahlenbündel im Innern des Raumes seiner Qualität und Intensität nach gerade so beschaffen, als ob es von einem vollkommen schwarzen Körper derselben Temperatur herkäme, ist also unabhängig von der Beschaffenheit und Gestalt der Körper und nur durch die Temperatur bedingt. Die Richtigkeit dieser Behauptung sieht man ein, wenn man erwägt, daß ein Strahlenbündel, welches dieselbe Gestalt und die entgegengesetzte Richtung als das gewählte hat, bei den unendlich vielen Reflexionen, die es nacheinander an gedachten Körpern erleidet, vollständig absorbiert wird. In dem Innern eines undurchsichtigen, glühenden Körpers von gewisser Temperatur findet hiernach auch immer dieselbe Helligkeit statt, welches auch im übrigen die Beschaffenheit desselben sein möge.

Heidelberg, im Januar 1860

Ableitung des Stefanschen Gesetzes,[1]) betreffend die Abhängigkeit der Wärmestrahlung von der Temperatur aus der elektromagnetischen Lichttheorie*)

von

LUDWIG BOLTZMANN

MAXWELL[2]) hat aus seiner elektromagnetischen Lichttheorie das Resultat abgeleitet, daß ein Strahl von Licht oder strahlender Wärme auf die Flächeneinheit bei senkrechter Inzidenz einen Druck ausüben muß, welcher gleich ist der in der Volumeneinheit Äther infolge der Lichtbewegung enthaltenen Energie. Sei ein absolut leerer Raum rings von für Wärmestrahlung undurchlässigen Wänden von der absoluten Temperatur t umgeben; bezeichnen wir die in der Volumeneinheit Äther infolge der Wärmestrahlung enthaltene Energie mit $\psi(t)$, so müssen wir bedenken, daß nicht alle Wärmestrahlen senkrecht auf die gedrückte Wand auffallen. Am einfachsten ist es, da analog einer Betrachtungsweise, welche KRÖNIG[3]) auf die Gastheorie anwandte, den Raum als Würfel zu denken, dessen Seiten parallel drei rechtwinkligen Koordinatenachsen sind. Ein dem Mittelzustand am besten entsprechendes Resultat erhält man, wenn man annimmt, daß je ein Drittel der Wärmestrahlung parallel zu einer der drei Koordinatenachsen sich fortpflanzt. Es wird dann auf jede Seitenfläche nur ein Drittel der gesamten Strahlen drückend wirken, und der Druck auf die Flächeneinheit der Wand wird nach MAXWELLS Gesetz sein:

$$f(t) = \frac{1}{3}\,\psi(t);$$

*) Ann. Physik **22** (1884) 291–294.

[1]) STEFAN, Wien. Ber. **79** (1879) 391.

[2]) MAXWELL, „Treatise on Electricity and Magnetism", Oxford, Clarendon Press **2** (1873) 391.

[3]) KRÖNIG, „Grundzüge der Theorie der Gase", Berlin bei A. W. HAIN. Pogg Ann. **99** (1856) 315.

man kann diese Formel auch durch folgende Überlegung finden. MAXWELLS Resultat gilt, wenn der Strahl senkrecht auf die gedrückte Fläche auffällt und von derselben absorbiert wird. Würde er nahe senkrecht auffallen und unter demselben Winkel reflektiert, so wäre der Druck der doppelte; bildete er dagegen mit der Normalen den Winkel ϑ und würde mit gleicher Intensität unter demselben Winkel reflektiert, so wäre analog wie beim Stoße eines schief auffallenden Gasmoleküls bloß die lebendige Kraft der normal zur gedrückten Fläche entfallenden Komponente der Bewegung maßgebend, welche gleich der mit $\cos^2\vartheta$ multiplizierten gesamten lebendigen Kraft des Strahles ist. (Sowohl das Bewegungsmoment als auch die auftreffende Menge erscheint mit $\cos\vartheta$ multipliziert.) Bezeichnen wir daher die gesamte lebendige Kraft der Strahlen in der Volumeneinheit wieder mit $\psi(t)$, so ist die lebendige Kraft derjenigen Strahlen, deren Winkel mit der Normalen zur gedrückten Fläche zwischen ϑ und $\vartheta + d\vartheta$ liegt und welche sich in der Richtung gegen die gedrückte Fläche hin fortpflanzen, gleich $\frac{1}{2}\psi(t)$ $\sin\vartheta\, d\vartheta$; genau ebenso groß ist die lebendige Kraft der Strahlen, welche sich längs derselben Geraden, aber von der gedrückten Fläche hinweg, fortpflanzen. Die gesamte Energie beider Strahlengattungen zusammen ist daher $\psi(t)\sin\vartheta\, d\vartheta$, und sie üben nach dem oben Gesagten auf die Flächeneinheit den Druck $\psi(t)\cos^2\vartheta\sin\vartheta\, d\vartheta$ aus. Um alle überhaupt vorhandenen Strahlen zu erhalten, haben wir diesen Ausdruck von Null bis $\pi/2$ zu integrieren, was den schon früher angegebenen Wert $\frac{1}{3}\psi(t)$ liefert.

In meinem Aufsatze über eine von BARTOLI entdeckte Beziehung der strahlenden Wärme zum zweiten Hauptsatz[1]) habe ich gezeigt, daß sich zwischen den beiden Funktionen ψ und f[2]) aus dem zweiten Hauptsatz die

[1]) Wied. Ann. **22** (1884) 38.

[2]) $\psi(t)$ ist die dort mit $4\varphi(t)/cJ$ bezeichnete Größe.

Beziehung ergibt $f = t \int \psi\, dt/t^2$, deren Differential lautet: $t\, df - f\, dt = \psi\, dt$; wenn also, wie aus der elektromagnetischen Lichttheorie folgt, $f = \frac{1}{3}\psi$ gesetzt wird, so erhält man: $t\, d\psi/3 = 4\,\psi\, dt/3$ und durch Integration $\psi = ct^4$, ein Gesetz, welches bekanntlich schon vor längerer Zeit von STEFAN empirisch aufgestellt und in guter Übereinstimmung mit den Beobachtungen gefunden wurde. Es folgt also aus der elektromagnetischen Lichttheorie und dem zweiten Hauptsatz unmittelbar das STEFANsche Gesetz der Abhängigkeit der Wärmestrahlung von der Temperatur, ein gewiß bemerkenswertes Resultat, wenn auch sicher niemand den vielfach provisorischen Charakter der hier durchgeführten Rechnungen verkennen wird.

Man sieht leicht, daß sich auch umgekehrt aus dem zweiten Hauptsatz und dem STEFANschen Strahlungsgesetz die Folgerung ergibt, daß in einem von Wärme undurchlässigen und gleich temperierten Wänden umgebenen Raum der Druck der Wärmestrahlung auf die Flächeneinheit gleich dem dritten Teil der in der Volumeneinheit enthaltenen Energie der Strahlung ist, daß also ein Strahl, welcher senkrecht auf eine ebene Fläche vom Flächeninhalt Eins auffällt, auf diese einen Druck ausübt, welcher gleich ist der in der Volumeneinheit des Strahles enthaltenen Energie, sobald er von der gedrückten Fläche absorbiert wird; wird er dagegen von dieser mit ungeschwächter Intensität reflektiert, so ist der Druck doppelt so groß, also gleich der im einfallenden und reflektierten Strahle zusammen auf die Volumeneinheit entfallenden Energie. Nach der Emissionstheorie müßte der Druck, wie mir scheint, entgegen der von BARTOLI l. c. angeführten Ansicht HIRNS in allen diesen Fällen doppelt so groß sein, als es hier gefunden wurde. Es scheint mir übrigens, daß man durch ähnliche Hypothesen, wie sie KIRCHHOFF in seiner bekannten Abhandlung über Gleichheit des Absorptions- und Emissionsvermögens[1])

[1]) KIRCHHOFF, Pogg. Ann. **109** (1860) 275; Berl. Ber. (1861)

aufstellte, auch beweisen könnte, daß dieses Gesetz für vollkommen schwarze Körper nicht bloß für die gesamte ausgestrahlte Wärmemenge, sondern auch für jede einzelne Strahlengattung für sich gelten muß, so daß bei allen Temperaturen die von einem schwarzen Körper ausgesandte Wärme einer gewissen Strahlengattung der gleiche Bruchteil der gesamten ausgesandten Wärme sein müßte, wie unter anderen LECHER[1]) vermutete.

Ich erwähne hier noch eine etwas einfachere Ableitungsweise der Gleichung zwischen den Funktionen ψ und f aus dem BARTOLIschen Prozeß. Sei in einem Hohlzylinder von absolut schwarzer, Wärme undurchlässiger Umhüllung ein eben solcher Stempel S verschiebbar, derselbe berühre anfangs die Basis B des Zylinders, welche den Flächeninhalt Eins und die Temperatur t_0 haben soll, und entferne sich von derselben bis zur Distanz a (er befinde sich rechts von der Basis B). Die ganze, in Form von Strahlung zwischen B und S vorhandene Wärme $a \cdot \psi(t_0)$, sowie die ganze, zur Bewegung von S aufgewendete Wärme $af(t_0)$ werde von B geliefert. Die Wärme denken wir uns in Arbeitsmaß gemessen. Nun werde der Raum zwischen B und S durch einen zweiten Stempel T von B abgesperrt, so daß sich sein Zustand jetzt adiabatisch ändert, und der Stempel S, welcher, sowie die Mantelfläche des Zylinders nur verschwindend wenig Wärme enthalten soll, bewege sich noch um das Stück x weiter. Für diese Zustandsänderung ist dann $\mathrm{d}[(a+x)\,\psi(t)] = -f(t)\,\mathrm{d}x$. Der Raum rechts von S und die ihn begrenzende Gegenfläche G des Zylinders sollen immer die schließlich auch links entstehende Temperatur t gehabt haben. Alle rechts vom Stempel S sowohl durch Arbeitsleistung als auch durch Volumenverkleinerung gewonnene Wärme $(a+x)$ $[\psi(t)+f(t)]$ soll von dieser Gegenfläche G aufgenommen worden sein. Der Prozeß ist umkehrbar; es ist also

$$(a+x)\,[\psi(t)+f(t)]/t = a\,[\psi(t_0)+f(t_0)]/t_0 = c.$$

[1]) LECHER, Wien. Ber. 85 (1882) 441; Wied. Ann. 17 (1882) 477.

Wir wollen nun a und t_0, somit auch c, als konstant, x und t als veränderlich betrachten, addiert man zur vorigen Gleichung beiderseits $d[(a + x) f(t)]$, so ergibt sich mit Beachtung des Differentials der letzten Gleichung das Resultat:

$$\psi(t)\, dt + f(t)\, dt = t\, df(t),$$

was mit der obigen Gleichung übereinstimmt.

Eine neue Beziehung der Strahlung schwarzer Körper zum zweiten Hauptsatz der Wärmetheorie*)

von

WILLY WIEN

BOLTZMANN[1]) hat auf der Grundlage eines von BARTOLI ersonnenen Prozesses nachgewiesen, daß aus dem zweiten Hauptsatz der Wärmetheorie das Vorhandensein eines Druckes gefolgert werden kann, welcher von der Strahlung auf eine bestrahlte Oberfläche ausgeübt wird. Ein solcher Druck ist andererseits eine Folge der elektromagnetischen Theorie des Lichtes, und BOLTZMANN konnte aus dieser Beziehung das STEFANsche Strahlungsgesetz für schwarze Körper ableiten.

Diese Schlüsse sind noch einer Vervollständigung fähig, wenn man sich nicht auf die Betrachtung der Gesamtstrahlung beschränkt, sondern die Strahlung nach ihren Wellenlängen zerlegt denkt.

Die gedachten Vorgänge, welche die Grundlage unserer Betrachtung bilden sollen, haben in derselben Weise, wie bei BOLTZMANN und früher bei KIRCHHOFF und CLAUSIUS, der Wirklichkeit so weit zu entsprechen, daß ihre tatsächliche Ausführung mit einem unbegrenzt erscheinenden Grade der Annäherung möglich sein muß.

---

*) Sitzungsber. preuß. Akad. Wiss. Berlin (1893) 55.

[1]) Wied. Ann. **32** (1884) 31 und 291.

Als Voraussetzungen werden wir nötig haben zunächst die Gültigkeit der elektromagnetischen Lichttheorie, nach welcher der von einem Lichtstrahle in seiner Richtung ausgeübte Druck gleich der Energie des Strahles ist, dann die Möglichkeit der Existenz vollkommen schwarzer und vollkommen spiegelnder Körper, welche auch so zusammengesetzt sein können, daß sie die auffallenden Lichtstrahlen vollständig zerstreut zurückwerfen, wie wir es bei der totalen Reflexion weißer Körper annähernd erfüllt finden. Außerdem betrachten wir noch den zweiten Hauptsatz der Wärmetheorie als gültig, daß auch durch Strahlung, welche von dem Wärmevorrat fester Körper herrührt, keine Arbeit aus Wärme ohne sonstige Arbeitsleistungen, Temperaturverluste oder Zustandsänderungen gewonnen werden kann. Schließlich setzen wir die Anwendbarkeit des DOPPLERschen Prinzips auf Lichtstrahlen voraus.

Die von einem schwarzen Körper herrührende in einem geschlossenen Raum mit spiegelnden Wänden befindliche Strahlung wird alle möglichen Richtungen haben. Man erhält dann nach BOLTZMANN den diesen Verhältnissen am besten entsprechenden Mittelwert durch die Annahme, daß in einem Würfel parallel jeder Seitenwand gleichviel, also ein Drittel der Gesamtstrahlung, verläuft. Eine Volumenverkleinerung vermehrt die Dichtigkeit der Energie (die Energiemenge in der Volumeneinheit) durch Zurückführung des Energievorrates auf einen kleineren Raum und durch Arbeitsleistung gegen den Druck der Strahlen. Beim Zurückgehen gewinnt man die geleistete Arbeit vollständig wieder, wenn die Geschwindigkeit, mit der die Volumenänderungen ausgeführt wurden, unendlich klein gegen die Lichtgeschwindigkeit bleibt, so daß die Änderung der Dichtigkeit immer über den ganzen Raum ausgeglichen ist.

Es läßt sich dann ein Vorgang denken, in welchem eine Vermehrung der Dichtigkeit der Energie einerseits durch Temperaturerhöhung, andererseits durch Volumenverkleinerung erzielt werden kann. Der zweite Hauptsatz zeigt nun, daß bei gleicher Dichtigkeit der Gesamtenergie diese auch für jede einzelne Wellenlänge gleich sein muß. Die Wellenlängen der durch Volumenverkleinerung verdichteten Strahlung sind nur dem DOPPLERschen Prinzip entsprechend verändert. Diese Änderung läßt sich berechnen. Es ist also auch die durch Temperaturerhöhung bedingte Änderung bekannt.

§ 1 *Beschreibung der Vorgänge*

Wir denken uns einen Zylinder, in dem zwei Stempel *B* und *C* verschiebbar sind. Die Fläche des Querschnitts sei der Einheit gleich. Die Stempel sollen mit Klappen versehen sein, welche lichtdicht verschlossen werden können. Die Zwischenräume 1, 2, 3 seien vollkommen leer. *A* und *D* sind schwarze Körper von verschiedener absoluter Temperatur ϑ_1 und $\vartheta_2 > \vartheta_1$. Sie sind von solchen Dimensionen, daß ihr Wärmevorrat unendlich groß gegen die in Form von Strahlung in die Zwischenräume 1, 2, 3 abgegebene Energie ist. Die Innenwände des Zylinders, die Stempel und Klappen sollen die Eigenschaft haben, die gesamte auffallende Strahlung vollständig zerstreut zurückzuwerfen, so daß unter diesen keine Vorzugsrichtung mehr vorhanden ist. Wenn man zugibt, daß vollkommene Spiegel denkbar sind, wird sich gegen die Möglichkeit nichts einwenden lassen, daß auch solche Körper, die man als vollkommen weiß zu bezeichnen hätte, mit beliebig weit getriebener Annäherung herstellbar sind. Wenn die beiden Klappen *C* und *B* geschlossen sind, so befindet sich die strahlende Energie des Raumes 2 in einem geschlossenen Raum mit isolierenden Wänden, sie bleibt also unverändert.

Es sei nun am Anfang unseres Prozesses die Klappe *B* geöffnet, *C* geschlossen. Es strahlt dann *A* in die Räume 1 und 2, *D* in den Raum 3. Die Dichtigkeit der Energie in 3 ist größer als in 2, weil die Temperatur von *D* höher ist als die von *A*. Es werde jetzt *B* verschlossen. Nun bewegen wir den Stempel B gegen C hin, und zwar mit einer Geschwindigkeit v, die unendlich klein gegen die Lichtgeschwindigkeit c ist. Die Energie in 2 wird dann sowohl durch Volumenverkleinerung als auch durch Arbeitsleistung gegen den Druck eine größere Dichtigkeit erhalten. Wir bewegen B so weit, bis die Dichtigkeit in den beiden Räumen 2 und 3 gleich groß geworden ist. Man kann dann aus dem zweiten Hauptsatz schließen, daß die Energieverteilung im Spektrum der Strahlen in beiden Räumen ebenfalls die gleiche ist.

Denn wenn dies nicht der Fall wäre, so müßte es Strahlen einer bestimmten Wellenlänge geben, welche in 3 eine größere Energie besitzen als in 2. Wir können dann vor die Klappe von C eine dünne durchsichtige Lamelle legen, welche die Strahlen der betrachteten Wellenlänge vorzugsweise hindurchläßt, die anderen vorzugsweise reflektiert, und dann die Klappe öffnen. Es muß dann mehr Energie von 3 nach 2 gehen als umgekehrt und die Dichtigkeit der Energie wird in 2 größer werden als in 3. Jetzt schließen wir C, entfernen die Lamelle und lassen den Stempel C von dem in 2 herrschenden Überdrucke bewegt werden und Arbeit leisten, bis die Dichtigkeit der Energie in beiden Räumen wieder die gleiche ist. Die hierbei gewonnene Arbeit sei Q. Dann wird C wieder geöffnet und in seine Anfangslage zurückgeführt. Dies kann ohne Arbeitsleistung geschehen, weil auf beiden Seiten jetzt der gleiche Druck herrscht. Ferner gehen wir bei geschlossenem C und B auf die ursprüngliche Stelle zurück und gewinnen die beim Hingehen geleistete Arbeit wieder. Wenn endlich B wieder geöffnet wird, ist der Anfangszustand vollständig erreicht und dabei der Arbeitsbetrag Q aus Wärme gewonnen, ohne daß sonst irgendeine Zustandsänderung erfolgt wäre, die als Kompensation dienen könnte. Da dies den zweiten Hauptsatz verletzt, so mußte die spektrale Energieverteilung in Raum 2 und 3 diesselbe sein, als die Dichtigkeit in beiden die gleiche war. Kennen wir demnach die Energieverteilung in der von A herrührenden Strahlung und die Veränderung, die sie in Folge der Bewegung des Stempels B erlitten hat, so kennen wir auch die Verteilung in der Strahlung des wärmeren Körpers D.

§ 2. *Berechnung der Veränderung der Energieverteilung nach dem* DOPPLER*schen Prinzip*

Es sei wieder v die Geschwindigkeit des Stempels, c die Lichtgeschwindigkeit. Infolge der Bewegung des Stempels B gegen die Strahlung *werden die Wellenlängen nach dem* DOPPLER*schen Prinzip verkürzt.* Es wird die Schwingungsdauer T eines *einmal* senkrecht auffallenden Strahles, der zurückgeworfen wird, der Gleichung

$$T' = \frac{c - 2v}{c} T$$

entsprechend verändert. Da nun $T = \frac{\lambda}{c}$, $T' = \frac{\lambda'}{c}$ ist, wenn λ, λ' die Wellenlängen bezeichnen, so wird

$$\lambda' = \frac{c - 2v}{c} \lambda .$$

Bei den schräg auffallenden Strahlen kommt nur die normale Komponente in Betracht. Bei gleichmäßig verteilter Richtung der Strahlung kann wieder in einem Würfel über dem Stempel B die Gesamtheit der normal verlaufenden Komponenten gleich dem dritten Teil der Gesamtenergie gesetzt werden. Die von dem bewegten Stempel ausgehende Strahlung wird von den ruhenden Wänden zerstreut zurückgeworfen und auf diese Weise die gestörte Gleichmäßigkeit der Verteilung sofort wieder hergestellt.

Sei $\varphi(\lambda)$ die ursprünglich in 2 vorhandene Dichtigkeit der Energie als Funktion der Wellenlänge, so daß $\varphi\, d\lambda$ die Energie ist, deren Wellenlänge zwischen λ und $\lambda + d\lambda$ liegt. Nach einmaliger Zurückwerfung vom bewegten

Stempel werden die Wellenlängen der normal verlaufenden Strahlen um einen Betrag h verkürzt sein. Die neue Energieverteilung sei $f_1(\lambda)$. Denken wir uns die $\varphi(\lambda)$ als Ordinaten, die λ als Abszissen aufgetragen, so werden wir die Punkte der neuen Kurve $f(\lambda)$ erhalten, wenn wir für jedes λ zwei Drittel der zugehörigen Ordinate $\varphi(\lambda)$ stehen lassen, entsprechend den unverändert gebliebenen zwei Dritteln der Energie. Das letzte Drittel hat man zu ersetzen durch ein Drittel der Ordinate φ, welche zu $\lambda + h$ gehört, weil ein Drittel der Energie seine Wellenlängen um h verkürzt hat. Es ist also

$$f_1(\lambda) = \frac{2}{3}\,\varphi(\lambda) + \frac{1}{3}\,\varphi(\lambda + h).$$

Nun ist bei kleinem h

$$\varphi(\lambda + h) = \varphi(\lambda) + h\varphi'(\lambda),$$

also

$$f_1(\lambda) = \varphi\left(\lambda + \frac{h}{3}\right)$$

nach einmaliger Zurückwerfung am Stempel B; nach n-maliger wird hiernach

$$f_n(\lambda) = \varphi\left(\lambda + \frac{nh}{3}\right) = f(\lambda),$$

wenn auch nh klein gegen λ ist.

Hieraus folgt dann wieder

$$f(\lambda) = \varphi(\lambda) + \frac{nh}{3}\,\varphi'(\lambda) = \frac{2}{3}\,\varphi(\lambda) + \frac{1}{3}\,\varphi(\lambda + nh).$$

Die Änderung in der Energieverteilung ist so, als ob die normal verlaufenden Strahlen, welche den dritten Teil der Gesamtenergie ausmachen, um den Betrag nh ihre Wellenlängen verkürzt hätten.

Wir haben also n aufzufassen als die Zahl, welche angibt, wie oft die in dem Würfel normal zum Stempel verlaufenden Strahlen bei ihrem Hin- und Hergehen im Raum 2 von dem bewegten Stempel zurückgeworfen werden, während dieser eine bestimmte Wegstrecke durchläuft.

Ist $a - x$ die Entfernung B von C, so ist, während B um $\mathrm{d}x$ sich verschiebt,

$$n = \frac{\mathrm{d}x}{2(a-x)} \cdot \frac{c}{v},$$

vorausgesetzt, daß n groß gegen die Einheit ist. Es muß also $\frac{c}{v}$ groß gegen $\frac{2(a-x)}{\mathrm{d}x}$ sein; dabei soll aber doch $\mathrm{d}x$ klein gegen $2(a-x)$ sein.

Es war nun nach einmaliger Zurückwerfung

$$\lambda' = \frac{c-2v}{c}\,\lambda.$$

Nach n-maliger wird

$$\lambda_n = \left(\frac{c-2v}{c}\right)^n \lambda = \left(\frac{c-2v}{c}\right)^{\frac{dx}{2(a-x)}\,\frac{c}{v}} \lambda.$$

Dies läßt sich schreiben

$$\lambda_n = \left[\left(1 - \frac{2v}{c}\right)^c\right]^{\frac{dx}{2(a-x)}\cdot\frac{1}{v}} \lambda.$$

Hieraus wird für $\lim c \to \infty$

$$\lambda_n = (\mathrm{e}^{-2v})^{\frac{dx}{2(a-x)}\,\frac{1}{v}}\,\lambda = \mathrm{e}^{-\frac{dx}{a-x}}\,\lambda.$$

Man sieht, daß beim Zurückgehen des Stempels die Gleichung besteht

$$\lambda = \left(\frac{c+2v}{c}\right)^n \lambda_n = \mathrm{e}^{\frac{dx}{a-x}}\,\lambda_n.$$

Es geht also λ_n auch auf den ursprünglichen Wert zurück. Der Vorgang ist auch hierin umkehrbar. Wir setzen nun

$$\lambda_n = \lambda + nh,$$

wo nh unendlich klein von der Ordnung von dx ist; so wird bei Vernachlässigung kleiner Größen zweiter Ordnung

$$nh = -\frac{\mathrm{d}x}{a - x}\,\lambda\,.$$

Wir hatten nun

$$f(\lambda) = \varphi\left(\lambda + \frac{nh}{3}\right) = \varphi(\lambda + \mathrm{d}\lambda)\,.$$

Wir haben also zu setzen

$$\mathrm{d}\lambda = -\frac{\mathrm{d}x}{3(a - x)}\,\lambda\,.$$

Jeder Wert von λ wird um diesen Betrag kleiner, wenn x um dx wächst.

Durch Integration erhalten wir

$$\lg\lambda = \frac{1}{3}\lg(a - x) + \lg C$$

$$\lg C = \lg\lambda_0 - \frac{1}{3}\lg a\,,$$

wo λ_0 der Wert für $x = 0$ ist. Also

$$\lambda = \sqrt[3]{\frac{a - x}{a}}\cdot\lambda_0\,.$$

Ferner sei E das Energiequantum im Raum 2, wenn B bei x steht. Die Dichtigkeit der Energie ist dann

$$\psi = \frac{E}{a - x}\,.$$

Wächst x um dx, so nimmt die Dichtigkeit infolge der Volumenverkleinerung und der geleisteten Arbeit zu.

$$\frac{\mathrm{d}\psi}{\mathrm{d}x}\mathrm{d}x = \left\{\frac{\mathrm{d}E}{\mathrm{d}x}\frac{1}{a - x} + \frac{E}{(a - x)^2}\right\}\mathrm{d}x = \left(\frac{\mathrm{d}E}{\mathrm{d}x} + \psi\right)\frac{\mathrm{d}x}{a - x}\,.$$

Nun ist der Druck auf den Stempel

$$= \frac{1}{3} \psi .$$

Die geleistete Arbeit also

$$\frac{\mathrm{d}E}{\mathrm{d}x} \mathrm{d}x = \frac{1}{3} \psi \, \mathrm{d}x .$$

Dies gibt

$$\mathrm{d}\psi = \frac{4}{3} \frac{\psi}{a - x} \mathrm{d}x ,$$

$$\lg \psi = - \lg \left[(a - x)^{\frac{4}{3}} \right] + \lg C_1 ,$$

$$\lg C_1 = \lg \psi_0 + \lg \left(a^{\frac{4}{3}} \right) ,$$

wo ψ_0 der Wert für $x = 0$ ist.

Es wird also

$$\psi = \sqrt[3]{\left(\frac{a}{a - x} \right)^4} \cdot \psi_0$$

und nach dem früheren für gleiche Werte von x

$$\frac{\psi}{\psi_0} = \frac{\lambda_0{}^4}{\lambda^4} .$$

Nach § 1 ist nun die Verteilung der Energie ψ, welche von einem Körper mit der höheren Temperatur ϑ herrührt, die gleiche. Ist ϑ_0 der Wert ϑ, welcher ψ_0 entspricht, so ist nach STEFAN und BOLTZMANN

$$\frac{\psi}{\psi_0} = \frac{\vartheta^4}{\vartheta_0{}^4} .$$

Es folgt also

$$\vartheta \lambda = \vartheta_0 \lambda_0 .$$

Im normalen Emissionsspektrum eines schwarzen Körpers verschiebt sich mit veränderter Temperatur jede Wellenlänge so, daß das Produkt aus Temperatur und Wellenlänge konstant bleibt.

Wenn die Verteilung der Energie als Funktion der Wellenlänge für irgendeine Temperatur ϑ_0 gegeben ist, so läßt sie sich jetzt für jede andere Temperatur ϑ ableiten. Denken wir uns wieder die λ als Abszissen, die $\varphi(\lambda)$ als Ordinaten aufgetragen. Der Flächeninhalt zwischen der Kurve und der Abszissenachse ist die Gesamtenergie ψ. Man hat nun zunächst jedes λ so zu verändern, daß $\lambda\vartheta$ konstant bleibt. Schneidet man an der Stelle des ursprünglichen λ_0 ein schmales Stück von der Breite $d\lambda_0$ und dem Inhalt $\varphi_0\, d\lambda_0$ aus, so wird nach der Änderung dieses Stück sich an die Stelle λ verschoben haben, aus der Breite $d\lambda_0$ ist $d\lambda = \frac{\vartheta_0}{\vartheta}\, d\lambda_0$ geworden. Da nun das Energiequantum $\varphi_0\, d\lambda_0$ konstant bleiben muß, so ist

$$\varphi\, d\lambda = \varphi_0\, d\lambda_0, \qquad \varphi = \varphi_0 \frac{d\lambda_0}{d\lambda} = \varphi_0 \frac{\vartheta}{\vartheta_0}.$$

Nun verändert sich außerdem mit der Temperatur jedes φ nach dem Stefanschen Gesetz im Verhältnis $\frac{\vartheta^4}{\vartheta_0{}^4}$, es wird also die neue Ordinate sein

$$\varphi = \varphi_0 \frac{\vartheta^5}{\vartheta_0{}^5}.$$

Auf diese Weise erhält man alle Punkte der neuen Energiekurve.

Es stimmt dieses Ergebnis überein mit der von H. F. Weber[1]) aus seinem Strahlungsgesetz abgeleiteten Verschiebung des Maximums der Energie.

---

[1]) Sitzungsber. dtsch. Akad. Wiss. Berlin (1888) 933.

Über irreversible Strahlungsvorgänge*)

von

MAX PLANCK

(Nach den Sitzungsber. d. k. Akad. d. Wissensch. zu Berlin vom 4. Februar 1897, 8. Juli 1897, 16. Dezember 1897, 7. Juli 1898, 18. Mai 1899 und nach einem auf der 71. Naturf.-Vers. in München gehaltenen Vortrage für die Annalen bearbeitet vom Verfasser.)

§ 23. *Verteilung der Energie im Normalspektrum*

$$E_\lambda = \frac{2c^2b}{\lambda^5}\, e^{-\frac{ac}{\lambda\vartheta}}. \tag{55}$$

Dies ist genau das von Hrn. W. WIEN[1]) aufgestellte Energieverteilungsgesetz, dessen wenigstens angenäherte Gültigkeit gerade in neuerer Zeit durch die fortgesetzten Untersuchungen der Herren F. PASCHEN[2]), F. PASCHEN und H. WANNER[3]), O. LUMMER und E. PRINGSHEIM[4]) dargetan worden ist.

Hr. WIEN hat sein Gesetz auf Grund gewisser Voraussetzungen über die Zahl der in der Volumeneinheit befindlichen Strahlungszentren und über die Geschwindigkeit ihrer Bewegung abgeleitet; in der hier entwickelten Theorie spielen diese Größen keine Rolle, sondern das Gesetz erscheint als eine notwendige Folge der im § 17 aufgestellten Definition der elektromagnetischen Entropie

---

*) Ann. Physik **1** (1900) 69–122.

[1]) W. WIEN, Wied. Ann. **58** (1896) 662.

[2]) F. PASCHEN, Wied. Ann. **60** (1897) 662, Sitzungsber. dtsch. Akad. Wiss. Berlin (1899) 405 und 893.

[3]) F. PASCHEN und H. WANNER, Sitzungsber. dtsch. Akad. Wiss. Berlin (1899) 5.

[4]) O. LUMMER und E. PRINGSHEIM, Verhandlungen dtsch. physik. Ges. **1** (1899) 23 und 215. Vgl. ferner H. BECKMANN, Inaug.-Diss., Tübingen 1898 und H. RUBENS, Wied. Ann. **69** (1899) 582. In den drei letztgenannten Arbeiten werden Abweichungen vom WIENschen Gesetz gefunden. (Anm. bei d. Korr.)

der Strahlung; die Frage nach der Notwendigkeit des Gesetzes fällt also zusammen mit der Frage nach der Notwendigkeit jener Definition. Ich habe mich wiederholt bemüht, den Ausdruck (41) für die elektromagnetische Entropie eines Resonators, durch welchen dann auch der Ausdruck (43) für die Entropie der Strahlung bedingt ist, so abzuändern bzw. zu verallgemeinern, daß er immer noch allen theoretisch wohlbegründeten elektromagnetischen und thermodynamischen Gesetzen Genüge leistet, aber es ist mir dies nicht gelungen. So z. B. könnte man die Entropie eines Resonators statt durch (41) allgemeiner folgendermaßen definieren:

$$S = -\frac{U}{f(\nu)} \cdot \log \frac{U}{\varphi(\nu)},$$

wobei $f(\nu)$ und $\varphi(\nu)$ unbestimmte positive Funktionen der Schwingungszahl ν sind. Dann würde zwar bei den im § 18 untersuchten elektromagnetischen Vorgängen das Prinzip der Vermehrung der Entropie erfüllt, aber man erhielte dann statt (5) als reziproke Temperatur des Resonators den Ausdruck:

$$\frac{1}{\vartheta} = -\frac{1}{f(\nu)} \cdot \log \frac{\mathrm{e}U}{\varphi(\nu)},$$

also:

$$U = \frac{\varphi(\nu)}{\mathrm{e}} \cdot \mathrm{e}^{-\frac{f(\nu)}{\vartheta}}$$

und als Energieverteilungsgesetz aus (49) statt (51):

$$\mathfrak{K} = \frac{\nu^2 \varphi(\nu)}{c^2 \mathrm{e}} \cdot \mathrm{e}^{-\frac{f(\nu)}{\vartheta}}. \tag{56}$$

Dies ist nun gerade diejenige Form des Energieverteilungsgesetzes, zu welcher Hr. WIEN auf Grund der oben erwähnten Voraussetzungen gelangte und von welcher er nachgewiesen hat, daß sie auf Grund zuverlässig begründeter Schlußfolgerungen zu der speziellen von ihm angegebenen Form führt.

Versucht man dagegen irgendeine von (56) abweichende Form des Energieverteilungsgesetzes zugrunde zu legen und berechnet daraus rückwärts den Ausdruck der Entropie, so trifft man immer auf Widersprüche mit dem im § 18 bewiesenen Satz der Vermehrung der Entropie.

Ich glaube hieraus schließen zu müssen, daß die im § 17 gegebene Definition der Strahlungsentropie und damit auch das Wiensche Energieverteilungsgesetz eine notwendige Folge der Anwendung des Prinzips der Vermehrung der Entropie auf die elektromagnetische Strahlungstheorie ist und daß daher die Grenzen der Gültigkeit dieses Gesetzes, falls solche überhaupt existieren, mit denen des zweiten Hauptsatzes der Wärmetheorie zusammenfallen. Natürlich gewinnt eben dadurch die weitere experimentelle Prüfung dieses Gesetzes ein um so größeres prinzipielles Interesse.

§ 25. *Zahlenwerte*

Die Werte der universellen Konstanten a und b lassen sich mit Hilfe der vorliegenden Messungen mit ziemlicher Annäherung berechnen.

Hr. F. Kurlbaum[1]) hat gefunden, daß, wenn man mit S_t die gesamte Energie bezeichnet, die von 1 qcm eines auf t°C. befindlichen schwarzen Körpers in 1 Sec. in die Luft gestrahlt wird:

$$S_{100} - S_0 = 0{,}01763 \text{ g-Cal.}$$

Andererseits beträgt nach (52) die gesamte von der Flächeneinheit eines schwarzen Körpers in der Zeiteinheit nach allen Richtungen des Halbraumes ausgestrahlte Energie:

$$\int K \cos\vartheta \, d\Omega = K \int_0^{2\pi} d\varphi \int_0^{\pi/2} \cos\vartheta \sin\vartheta \, d\vartheta = \pi K = \frac{12\pi b \vartheta^4}{c^2 a^4}.$$

[1]) F. Kurlbaum, Wied. Ann. 65 (1898) 754.

Folglich, wenn das mechanische Wärmeäquivalent zu $419 \cdot 10^5$ angenommen wird, im absoluten C. G. S.-Maße:

$$\frac{12\pi b(373^4 - 273^4)}{c^2a^4} = 0{,}01763 \cdot 419 \cdot 10^5$$

oder, da $c = 3 \cdot 10^{10}$:

$$\frac{b}{a^4} = 1{,}278 \cdot 10^{15}. \tag{57}$$

Ferner ist von Hrn. F. PASCHEN[1]) als Mittel aus seinen besten Beobachtungen der Wert der Konstanten im Exponenten der WIENschen Formel (55) zu 14455 [$\mu \times$ Celsiusgrad] angegeben worden. Dies ergibt, bezogen auf Zentimeter:

$$ac = 1{,}4455$$

oder:

$$a = 0{,}4818 \cdot 10^{-10} \text{ [sec} \times \text{Celsiusgrad]}$$

und daraus nach (57):

$$b = 6{,}885 \cdot 10^{-27} \text{ [erg} \times \text{sec]}.$$

§ 26. *Natürliche Maßeinheiten*

Alle bisher in Gebrauch genommenen physikalischen Maßsysteme, auch das sogenannte absolute C. G. S.-System, verdanken ihren Ursprung insofern dem Zusammentreffen zufälliger Umstände, als die Wahl der jedem System zugrunde liegenden Einheiten nicht nach allgemeinen, notwendig für alle Orte und Zeiten bedeutungsvollen Gesichtspunkten, sondern wesentlich mit Rücksicht auf die speziellen Bedürfnisse unserer irdischen Kultur getroffen ist. So sind die Einheiten der Länge und der Zeit aus den gegenwärtigen Dimensionen und der gegenwärtigen Bewegung unseres Planeten hergeleitet worden, ferner die Einheit der Masse und der Temperatur aus der

---

[1]) F. PASCHEN, Sitzungsber. dtsch. Akad. Wiss. Berlin (1899) 419.

Dichte und den Fundamentalpunkten des Wassers, als derjenigen Flüssigkeit, die an der Erdoberfläche die wichtigste Rolle spielt, genommen bei einem Druck, der der mittleren Beschaffenheit der uns umgebenden Atmosphäre entspricht. An dieser Willkür würde prinzipiell auch nichts Wesentliches geändert werden, wenn etwa zur Längeneinheit die unveränderliche Wellenlänge des Na-Lichtes genommen würde. Denn die Auswahl gerade des Na unter den vielen chemischen Elementen könnte wiederum nur etwa durch sein häufiges Vorkommen auf der Erde oder etwa durch seine für unser Auge glänzende Doppellinie, die keineswegs einzig in ihrer Art dasteht, gerechtfertigt werden. Es wäre daher sehr wohl denkbar, daß zu einer anderen Zeit, unter veränderten äußeren Bedingungen, jedes der bisher in Gebrauch genommenen Maßsysteme seine ursprünglich natürliche Bedeutung teilweise oder gänzlich verlieren würde.

Demgegenüber dürfte es nicht ohne Interesse sein zu bemerken, daß mit Zuhilfenahme der beiden in dem Ausdruck (41) der Strahlungsentropie auftretenden Konstanten a und b die Möglichkeit gegeben ist, Einheiten für Länge, Masse, Zeit und Temperatur aufzustellen, welche, unabhängig von speziellen Körpern oder Substanzen, ihre Bedeutung für alle Zeiten und für alle, auch außerirdische und außermenschliche Kulturen notwendig behalten und welche daher als „natürliche Maßeinheiten“ bezeichnet werden können.

Die Mittel zur Festsetzung der vier Einheiten für Länge, Masse, Zeit und Temperatur werden gegeben durch die beiden erwähnten Konstanten a und b, ferner durch die Größe der Lichtfortpflanzungsgeschwindigkeit c im Vakuum und durch die der Gravitationskonstante f. Bezogen auf Zentimeter, Gramm, Sekunde und Celsiusgrad sind die Zahlenwerte dieser vier Konstanten die folgenden:

$$a = 0{,}4818 \cdot 10^{-10}\ [\text{sec} \times \text{Celsiusgrad}],$$

$$b = 6{,}885 \cdot 10^{-27} \left[\frac{\text{cm}^2\text{g}}{\text{sec}}\right],$$

$$c = 3{,}00 \cdot 10^{10} \left[\frac{\mathrm{cm}}{\mathrm{sec}}\right],$$

$$f = 6{,}685 \cdot 10^{-8} \left[\frac{\mathrm{cm}^3}{\mathrm{g\ sec}^2}\right]^{1)}.$$

Wählt man nun die „natürlichen Einheiten" so, daß in dem neuen Maßsystem jede der vorstehenden vier Konstanten den Wert 1 annimmt, so erhält man als Einheit der Länge die Größe:

$$\sqrt{\frac{bf}{c^3}} = 4{,}13 \cdot 10^{-33}\ \mathrm{cm},$$

als Einheit der Masse:

$$\sqrt{\frac{bc}{f}} = 5{,}56 \cdot 10^{-5}\ \mathrm{g},$$

als Einheit der Zeit:

$$\sqrt{\frac{bf}{c^5}} = 1{,}38 \cdot 10^{-43}\ \mathrm{sec},$$

als Einheit der Temperatur:

$$a\sqrt{\frac{c^5}{bf}} = 3{,}50 \cdot 10^{32}\ {}^\circ\mathrm{C}.$$

Diese Größen behalten ihre natürliche Bedeutung solange bei, als die Gesetze der Gravitation, der Lichtfortpflanzung im Vakuum und die beiden Hauptsätze der Wärmetheorie in Gültigkeit bleiben, sie müssen also, von den verschiedensten Intelligenzen nach den verschiedensten Methoden gemessen, sich immer wieder als die nämlichen ergeben.

---

[1]) F. Richarz u. O. Krigar-Menzel, Anhang zu den Sitzungsber. dtsch. Akad. Wiss. Berlin **107** (1898) 110; im Auszug: Wied. Ann. **66** (1898) 190.

Bemerkungen über das Gesetz der vollständigen Strahlung*)

von

Lord RAYLEIGH, F. R. S.[1])

Unter vollständiger Strahlung verstehe ich die Strahlung eines idealen schwarzen Körpers, die nach STEWART[2]) und KIRCHHOFF eine bestimmte Funktion der absoluten Temperatur θ und der Wellenlänge λ ist. Argumente von (nach meiner Meinung[3])) beträchtlichem Gewicht wurden von BOLTZMANN und W. WIEN beigebracht, die zu dem Schluß führten, daß eine Funktion von der Form

$$\theta^5 \Phi(\theta\lambda)\,\mathrm{d}\lambda \qquad (1)$$

die Energie in dem Teil des Spektrums ausdrückt, welcher zwischen λ und $\lambda + \mathrm{d}\lambda$ liegt. Eine weitere Konkretisierung durch Bestimmung der Funktion Φ wurde später[4]) versucht. WIEN schließt, daß das wirkliche Gesetz

$$c_1 \lambda^{-5}\, \mathrm{e}^{-c_2/\lambda\theta}\,\mathrm{d}\lambda \qquad (2)$$

lautet, wobei c_1 und c_2 Konstanten sind, aber von theoretischer Seite betrachtet, scheint mir das Resultat nur wenig mehr als eine Vermutung zu sein. Es wird jedoch von PLANCK[5]) durch allgemeine thermodynamische Gründe gestützt.

Von experimenteller Seite hat WIENS Gesetz (2) wichtige Bestätigung gefunden. PASCHEN findet, daß seine Beobachtungen gut wiedergegeben werden, wenn er

$$c_2 = 14455$$

*) Philos. Mag. **49** (1900) 539–540.

[1]) Vorgelegt vom Autor.

[2]) STEWARTS Werk scheint auf dem Kontinent ungenügend gewürdigt worden zu sein.

[3]) Philos. Mag. **XLV** (1898) 522.

[4]) Wied Ann. **LVIII** (1896) 662.

[5]) Wied. Ann. **I** (1900) 74.

setzt, wobei θ in Grad Celsius und λ in Tausendstel eines Millimeters (μ) gemessen werden. Gleichwohl scheint das Gesetz schwerlich akzeptabel zu sein, insbesondere die Implikation, daß die Strahlung gegebener Wellenlänge bei Erhöhung der Temperatur einem Grenzwert zustrebt. Es ist wahr, daß für sichtbares Licht diese Grenze unzugänglich bleibt. Wenn wir aber $\lambda = 60\,\mu$ nehmen, wie (nach den bemerkenswerten Untersuchungen von RUBENS) für Strahlen, die durch Reflexion an Sylvinoberflächen selektiert werden, so erkennen wir, daß für Temperaturen über 1000° (absolut) die Strahlung nur wenig weiter zunehmen könnte.

Das ist eine durch das Experiment zu entscheidende Frage; aber inzwischen wage ich eine Modifikation von (2) anzuregen, die mir a priori wahrscheinlicher zu sein scheint. Die Spekulation über dieses Thema wird durch die Schwierigkeiten erschwert, die die BOLTZMANN-MAXWELLsche Doktrin der Energieverteilung mit sich bringt. Nach dieser Doktrin sollte jede Vibrationsmode gleichberechtigt sein; und obwohl aus irgendwelchen noch unerklärlichen Gründen diese Doktrin im allgemeinen nicht zutrifft, scheint es möglich, daß sie für die tieferen Moden anwendbar sein möchte. Zur Illustration wollen wir den Fall einer eingespannten, transversal schwingenden Feder betrachten. Nach dem BOLTZMANN-MAXWELLschen Gesetz sollte die Energie gleichmäßig über alle Moden, deren Frequenzen sich wie 1, 2, 3, ... verhalten, verteilt sein. Stellt k als Reziprokes von λ die Frequenz dar, so wird daher die Energie zwischen den Grenzen k und $k + \mathrm{d}k$ (wenn k groß genug ist) einfach durch $\mathrm{d}k$ repräsentiert.

Wenn wir von einer zu drei Dimensionen übergehen und zum Beispiel die Vibrationen einer kubischen Luftmasse betrachten, haben wir („Theory of Sound" § 267) als Gleichung für k^2

$$k^2 = p^2 + q^2 + r^2,$$

wobei p, q, r ganze Zahlen sind, welche die Anzahl der Unterteilungen in den drei Richtungen bezeichnen. Betrachten wir p, q, r als Koordinaten der Punkte einer kubischen Anordnung, so ist k die Entfernung irgendeines Punktes vom Ursprung. Demgemäß ist die Anzahl der Punkte, für welche k zwischen k und $k + \mathrm{d}k$ liegt, dem Volumen der entsprechenden Kugelschale proportional und kann durch $k^2\,\mathrm{d}k$ repräsentiert werden; und das drückt die Energieverteilung nach dem BOLTZMANN-MAXWELLschen Gesetz aus, so weit es sich um die Wellenlänge oder Frequenz handelt. Wenn wir dieses Resultat auf die Strahlung anwenden, erhalten wir, da die Energie in jeder Mode proportional zu θ ist,

$$\theta k^2\,\mathrm{d}k \tag{3}$$

oder, wenn wir es vorziehen,

$$\theta \lambda^{-4}\,\mathrm{d}\lambda . \tag{4}$$

Es kann als eine gewisse Bekräftigung für die Brauchbarkeit von (4) angesehen werden, daß es die vorgeschriebene Form (1) hat.

Die starke Vermutung besteht darin, daß (4) eher als, wie es (2) entspricht,

$$\lambda^{-5}\,\mathrm{d}\lambda , \tag{5}$$

die zutreffende Form sein dürfte, wenn $\lambda\theta$ groß ist. Wenn wir den Exponentialfaktor einführen, wird der vollständige Ausdruck

$$c_1 \theta \lambda^{-4}\,\mathrm{e}^{-c_2/\lambda\theta}\,\mathrm{d}\lambda \tag{6}$$

lauten. Wenn wir k zur unabhängigen Variablen machen, wie es wahrscheinlich vorzuziehen ist, wird (6)

$$c_1 \theta k^2\,\mathrm{e}^{-c_2/\lambda\theta}\,\mathrm{d}k . \tag{7}$$

Ich bin nicht in der Lage zu sagen, ob (6) die Beobachtungsdaten ebenso wie (2) darstellt. Es steht zu hoffen, daß diese Frage von Seiten der ausgezeichneten Experimentatoren, die mit diesem Gegenstand beschäftigt sind, alsbald eine Antwort finden wird.

Über eine Verbesserung der Wienschen Spektralgleichung*)

von

MAX PLANCK

(Vorgetragen in der Sitzung vom 19. Oktober 1900)

Die von Hrn. KURLBAUM in der heutigen Sitzung mitgeteilten interessanten Resultate der von ihm in Gemeinschaft mit Hrn. RUBENS auf dem Gebiete der längsten Spektralwellen ausgeführten Energiemessungen haben die zuerst von den Herren LUMMER und PRINGSHEIM auf Grund ihrer Beobachtungen aufgestellte Behauptung nachdrücklich bestätigt, daß das WIENsche Energieverteilungsgesetz nicht die allgemeine Bedeutung besitzt, welche ihm bisher von mancher Seite zugeschrieben worden war, sondern daß dies Gesetz vielmehr höchstens den Charakter eines Grenzgesetzes hat, dessen überaus einfache Form nur einer Beschränkung auf kurze Wellenlängen bez. tiefe Temperaturen ihren Ursprung verdankt.[1]) Da ich selber die Ansicht von der Notwendigkeit des WIENschen Gesetzes auch an dieser Stelle vertreten habe, so sei es mir gestattet, hier kurz darzulegen, wie sich die von mir entwickelte elektromagnetische Theorie der Strahlung zu den Beobachtungstatsachen stellt.

Nach dieser Theorie ist das Energieverteilungsgesetz bestimmt, sobald die Entropie S eines auf Bestrahlung

*) Verhandlungen dtsch. physik. Ges. 2 (1900) 202–204.

[1]) Auch Hr. PASCHEN hat, wie er mir brieflich mitteilte, neuerdings merkliche Abweichungen vom WIENschen Gesetz festgestellt.

ansprechenden linearen Resonators als Funktion seiner Schwingungsenergie U bekannt ist. Ich habe indes schon in meiner letzten Arbeit über diesen Gegenstand hervorgehoben,[1]) daß der Satz der Entropievermehrung an und für sich noch nicht hinreicht, um diese Funktion vollständig anzugeben; zur Ansicht von der Allgemeinheit des WIENschen Gesetzes wurde ich vielmehr durch eine besondere Betrachtung geführt, nämlich durch die Berechnung einer unendlich kleinen Entropievermehrung eines in einem stationären Strahlungsfelde befindlichen Systems von n gleichen Resonatoren auf zwei verschiedene Weisen, wodurch sich die Gleichung[2]) ergab:

$$\mathrm{d}U_n \cdot \Delta U_n \cdot f(U_n) = n\,\mathrm{d}U \cdot \Delta U \cdot f(U),$$

wobei

$$U_n = nU \quad \text{und} \quad f(U) = -\frac{3}{5}\frac{\mathrm{d}^2S}{\mathrm{d}U^2},$$

aus welcher dann das WIENsche Gesetz in der Form hervorgeht:

$$\frac{\mathrm{d}^2S}{\mathrm{d}U^2} = \frac{\text{const}}{U}.$$

In jener Funktionalgleichung stellt der Ausdruck auf der rechten Seite sicher die genannte Entropieänderung dar, weil sich n ganz gleiche Vorgänge unabhängig voneinander abspielen, deren Entropieänderungen sich daher einfach addieren müssen. Dagegen würde ich es wohl für möglich, wenn auch immer noch für nicht leicht begreiflich und jedenfalls schwer beweisbar ansehen, daß der Ausdruck links nicht allgemein die ihm früher von mir zugeschriebenen Bedeutung besitzt, mit anderen Worten: daß die Werte von U_n, $\mathrm{d}U_n$ und ΔU_n gar nicht hinreichen, um die fragliche Entropieänderung zu bestimmen, sondern daß dazu auch U selber bekannt sein muß. Im Ver-

---

1) M. PLANCK, Ann. Physik 1 (1900) 730.

2) M. PLANCK, Ann. Physik 1 (1900) 732.

folg dieses Gedankens bin ich schließlich dahin gekommen, ganz willkürlich Ausdrücke für die Entropie zu konstruieren, welche, obwohl komplizierter als der WIENsche Ausdruck, doch allen Anforderungen der thermodynamischen und elektromagnetischen Theorie ebenso vollkommen Genüge zu leisten scheinen wie dieser.

Unter den so aufgestellten Ausdrücken ist mir nun einer besonders aufgefallen, der dem WIENschen an Einfachheit am nächsten kommt und der, da letzterer nicht hinreicht, um alle Beobachtungen darzustellen, wohl verdienen würde, daraufhin näher geprüft zu werden. Derselbe ergibt sich, wenn man setzt:[1])

$$\frac{\mathrm{d}^2 S}{\mathrm{d}U^2} = \frac{\alpha}{U(\beta + U)}.$$

Er ist bei weitem der einfachste unter allen Ausdrücken, welche S als logarithmische Funktion von U liefern (was anzunehmen die Wahrscheinlichkeitsrechnung nahelegt) und welche außerdem für kleine Werte von U in den obigen WIENschen Ausdruck übergehen. Mit Benutzung der Beziehung

$$\frac{\mathrm{d}S}{\mathrm{d}U} = \frac{1}{T}$$

und des WIENschen „Verschiebungs"gesetzes[2]) erhält man hieraus die zweikonstantige Strahlungsformel:

$$E = \frac{C\lambda^{-5}}{\mathrm{e}^{\frac{c}{\lambda T}} - 1},$$

[1]) Ich gehe aus von dem zweiten Differentialquotienten von S nach U, weil diese Große eine einfache physikalische Bedeutung besitzt (M. PLANCK, Ann. Physik 1 (1900) 731).

[2]) Der Ausdruck des WIENschen Verschiebungsgesetzes ist einfach:

$$S = f\left(\frac{U}{\nu}\right),$$

wo ν die Schwingungszahl des Resonators bedeutet. Ich werde dies bei einer anderen Gelegenheit darlegen.

welche, soweit ich augenblicklich sehen kann, den Gang der seither publizierten Beobachtungszahlen ebenso befriedigend wiedergibt, wie die besten bisher aufgestellten Spektralgleichungen, nämlich die von THIESEN,[1]) die von LUMMER-JAHNKE[2]) und die von LUMMER-PRINGSHEIM.[3]) (Wird an einigen Zahlen erläutert.) Ich möchte mir daher erlauben, Ihre Aufmerksamkeit auf diese neue Formel zu lenken, die ich vom Standpunkt der elektromagnetischen Strahlungstheorie aus nächst der WIENschen für die einfachste halte.

Über das Gesetz der Energieverteilung im Normalspektrum*)

von

MAX PLANCK

(In anderer Form mitgeteilt in der Deutschen Physikalischen Gesellschaft, Sitzung vom 19. Oktober und vom 14. Dezember 1900, Verhandlung 2, p. 202 und p. 237, 1900)

Einleitung

Die neueren Spektralmessungen von O. LUMMER und E. PRINGSHEIM[4]) und noch auffälliger diejenigen von H. RUBENS und F. KURLBAUM[5]), welche zugleich ein

[1]) M. THIESEN, Verhandlungen dtsch. physik. Ges. 2 (1900) 67. Dort findet sich auch bemerkt, daß Hr. THIESEN seine Formel schon aufgestellt hatte, ehe die Herren LUMMER u. PRINGSHEIM ihre Messungen auf größere Wellenlängen ausdehnten, was ich hier hervorhebe, weil ich vor dem Erscheinen der zitierten Publikation eine etwas andere Darstellung gegeben hatte (M. PLANCK, Ann. Physik 3 (1900) 719.)

[2]) O. LUMMER u. E. JAHNKE, Ann. Physik 3 (1900) 288.

[3]) O. LUMMER u. E. PRINGSHEIM, Verhandlungen dtsch. physik. Ges. 2 (1900) 174.

*) Ann. Physik 4 (1901) 553–563.

[4]) O. LUMMER u. E. PRINGSHEIM, Verhandlungen dtsch. physik. Ges. 2 (1900) 163.

[5]) H. RUBENS und F. KURLBAUM, Sitzungsber. dtsch. Akad. Wiss. Berlin vom 25. Oktober 1900, S. 929.

früher von H. BECKMANN[1]) erhaltenes Resultat bestätigten, haben gezeigt, daß das zuerst von W. WIEN aus molekularkinetischen Betrachtungen und später von mir aus der Theorie der elektromagnetischen Strahlung abgeleitete Gesetz der Energieverteilung im Normalspektrum keine allgemeine Gültigkeit besitzt.

Die Theorie bedarf also in jedem Falle einer Verbesserung, und ich will im Folgenden den Versuch machen, eine solche auf der Grundlage der von mir entwickelten Theorie der elektromagnetischen Strahlung durchzuführen. Dazu wird es vor allem nötig sein, in der Reihe der Schlußfolgerungen, welche zum WIENschen Energieverteilungsgesetz führten, dasjenige Glied ausfindig zu machen, welches einer Abänderung fähig ist; sodann aber wird es sich darum handeln, dieses Glied aus der Reihe zu entfernen und einen geeigneten Ersatz dafür zu schaffen.

Daß die physikalischen Grundlagen der elektromagnetischen Strahlungstheorie, einschließlich der Hypothese der „natürlichen Strahlung", auch einer geschärften Kritik gegenüber Stand halten, habe ich in meinem letzten Aufsatz[2]) über diesen Gegenstand dargelegt; und da auch die Rechnungen meines Wissens keinen Fehler enthalten, so bleibt auch der Satz bestehen, daß das Gesetz der Energieverteilung im Normalspektrum vollkommen bestimmt ist, wenn es gelingt, die Entropie S eines bestrahlten, monochromatisch schwingenden Resonators als Funktion seiner Schwingungsenergie U zu berechnen. Denn dann erhält man aus der Beziehung $\mathrm{d}S/\mathrm{d}U = 1/\vartheta$ die Abhängigkeit der Energie U von der Temperatur ϑ, und da andererseits die Energie U durch eine einfache Beziehung[3]) mit der Strahlungsdichte der entsprechenden Schwingungszahl verknüpft ist, auch die Abhängigkeit dieser Strahlungsdichte von der Temperatur. Die normale Energieverteilung ist dann diejenige, bei welcher die

[1]) H. BECKMANN, Inaug.-Dissertation, Tübingen 1898. Vgl. auch H. RUBENS, Wied. Ann. **69** (1899) 582.

[2]) M. PLANCK, Ann. Physik **1** (1900) 719.

[3]) Vgl. unten Gleichung (8).

Strahlungsdichten aller verschiedenen Schwingungszahlen die nämliche Temperatur besitzen.

Somit reduziert sich das ganze Problem auf die eine Aufgabe, S als Funktion von U zu bestimmen, und der Lösung dieser Aufgabe ist auch der wesentlichste Teil der folgenden Untersuchungen gewidmet. In meiner ersten Abhandlung über diesen Gegenstand hatte ich S direkt durch Definition, ohne weitere Begründung, als einen einfachen Ausdruck von U hingestellt, und mich damit begnügt nachzuweisen, daß diese Form der Entropie allen Anforderungen, welche die Thermodynamik an sie stellt, Genüge leistet. Ich glaubte damals, daß sie auch die einzige ihrer Art sei, und daß somit das WIENsche Gesetz, welches aus ihr folgt, notwendig allgemeine Gültigkeit besitze. Bei einer späteren näheren Untersuchung[1]) zeigte sich mir indessen, daß es auch noch andere Ausdrücke geben muß, welche dasselbe leisten, und daß es deshalb jedenfalls noch einer weiteren Bedingung bedarf, um S eindeutig berechnen zu können. Eine solche Bedingung glaubte ich gefunden zu haben in dem mir damals unmittelbar plausibel erscheinenden Satz, daß bei einer unendlich kleinen irreversiblen Änderung eines nahezu im thermischen Gleichgewicht befindlichen Systems von N gleichbeschaffenen, im nämlichen stationären Strahlungsfeld befindlichen Resonatoren die damit verbundene Vermehrung ihrer Gesamtentropie $S_N = NS$ nur abhängt von ihrer Gesamtenergie $U_N = NU$ und deren Änderungen, nicht aber von der Energie U der einzelnen Resonatoren. Dieser Satz führt wiederum mit Notwendigkeit zum WIENschen Energieverteilungsgesetz. Da nun aber letzteres durch die Erfahrung nicht bestätigt wird, so ist man zu dem Schluß gezwungen, daß auch jener Satz in seiner Allgemeinheit nicht richtig sein kann und daher aus der Theorie zu entfernen ist.[2])

---

[1]) M. PLANCK, Ann. Physik 1 (1900) 730ff.

[2]) Man vergleiche hierzu die Kritiken, die dieser Satz bereits gefunden hat: von W. WIEN (Rapport für den Pariser Kongreß 2 (1900) 40) und von O. LUMMER (l.c. 2 (1900) 92).

Es muß also nun eine andere Bedingung eingeführt werden, welche die Berechnung von S gestattet, und um dies zu bewerkstelligen, ist ein näheres Eingehen auf die Bedeutung des Entropiebegriffes notwendig. Für die Richtung des dabei einzuschlagenden Gedankenganges gibt der Hinblick auf die Unhaltbarkeit der früher gemachten Voraussetzung einen Fingerzeig. Im Folgenden wird nun ein Weg beschrieben, auf dem sich ein neuer einfacher Ausdruck der Entropie und damit auch eine neue Strahlungsformel ergibt, welche mit keiner der bisher festgestellten Tatsachen in Widerspruch zu stehen scheint.

I. Berechnung der Entropie eines Resonators als Funktion seiner Energie

§ 1. Entropie bedingt Unordnung, und diese Unordnung beruht nach der elektromagnetischen Strahlungstheorie bei den monochromatischen Schwingungen eines Resonators, auch wenn er sich in einem dauernd stationären Strahlungsfelde befindet, in der Unregelmäßigkeit, mit der er beständig seine Amplitude und seine Phase wechselt, sofern man Zeitepochen betrachtet, welche groß sind gegen die Zeit einer Schwingung, aber klein gegen die Zeit einer Messung. Wären Amplitude und Phase absolut konstant, also die Schwingungen vollkommen homogen, so könnte keine Entropie existieren und die Schwingungsenergie müßte vollkommen frei in Arbeit verwandelbar sein. Die konstante Energie U eines einzelnen stationär schwingenden Resonators ist danach nur als ein zeitlicher Mittelwert aufzufassen, oder, was ganz auf dasselbe hinauskommt, als der gleichzeitige Mittelwert der Energien einer großen Anzahl N von gleichbeschaffenen Resonatoren, die sich in dem nämlichen stationären Strahlungsfelde befinden, weit genug voneinander entfernt, um sich nicht gegenseitig direkt zu beeinflussen. In diesem Sinne wollen wir künftig von der mittleren Energie U eines einzelnen Resonators sprechen. Dann entspricht der gesamten

Energie

$$U_N = NU \qquad (1)$$

eines solchen Systems von N Resonatoren eine gewisse Gesamtentropie

$$S_N = NS \qquad (2)$$

desselben Systems, wobei S die mittlere Entropie eines einzelnen Resonators darstellt, und diese Entropie S_N beruht auf der Unordnung, mit der sich die gesamte Energie U_N auf die einzelnen Resonatoren verteilt.

§ 2. Wir setzen nun die Entropie S_N des Systems, bis auf eine willkürlich bleibende additive Konstante, proportional dem Logarithmus der Wahrscheinlichkeit W dafür, daß die N Resonatoren insgesamt die Energie U_N besitzen, also:

$$S_N = k \log W + \text{const.} \qquad (3)$$

Diese Festsetzung kommt nach meiner Meinung im Grunde auf eine Definition der genannten Wahrscheinlichkeit W hinaus; denn wir besitzen in den Voraussetzungen, welche der elektromagnetischen Theorie der Strahlung zugrunde liegen, gar keinen Anhaltspunkt, um von einer solchen Wahrscheinlichkeit in einem bestimmten Sinne zu reden. Für die Zweckmäßigkeit der so getroffenen Festsetzung läßt sich von vornherein ihre Einfachheit und ihre nahe Verwandtschaft mit einem Satze der kinetischen Gastheorie[1]) anführen.

§ 3. Es kommt nun darauf an, die Wahrscheinlichkeit W dafür zu finden, daß die N Resonatoren insgesamt die Schwingungsenergie U_N besitzen. Hierzu ist es notwendig, U_N nicht als eine stetige, unbeschränkt teilbare, sondern als eine diskrete, aus einer ganzen Zahl von endlichen gleichen Teilen zusammengesetzte Größe aufzufassen. Nennen wir einen solchen Teil ein Energieelement ε, so ist mithin zu setzen:

$$U_N = P \cdot \varepsilon, \qquad (4)$$

---

[1]) L. BOLTZMANN, Sitzungsber. Akad. Wiss. Wien, Abt. II, **76** (1877) 428

wobei P eine ganze, im allgemeinen große Zahl bedeutet, während wir den Wert von ε noch dahingestellt sein lassen.

Nun ist einleuchtend, daß die Verteilung der P Energieelemente auf die N Resonatoren nur auf eine endliche ganz bestimmte Anzahl von Arten erfolgen kann. Jede solche Art der Verteilung nennen wir nach einem von L. BOLTZMANN für einen ähnlichen Begriff gebrauchten Ausdruck eine „Komplexion". Bezeichnet man die Resonatoren mit den Ziffern 1, 2, 3, ... N, schreibt diese der Reihe nach nebeneinander und setzt unter jeden Resonator die Anzahl der bei irgendeiner willkürlich vorgenommenen Verteilung auf ihn entfallenden Energieelemente, so erhält man für jede Komplexion ein Symbol von folgender Form:

1	2	3	4	5	6	7	8	9	10
7	38	11	0	9	2	20	4	4	5.

Hier ist $N = 10$, $P = 100$ angenommen. Die Anzahl $\mathfrak{R}$ aller möglichen Komplexionen ist offenbar gleich der Anzahl aller möglichen Ziffernbilder, die man auf diese Weise, bei bestimmten N und P, für die untere Reihe erhalten kann. Der Deutlichkeit halber sei noch bemerkt, daß zwei Komplexionen als verschieden anzusehen sind, wenn die entsprechenden Ziffernbilder dieselben Ziffern, aber in verschiedener Anordnung, enthalten.

Aus der Kombinationslehre ergibt sich so die Anzahl aller möglichen Komplexionen zu

$$\mathfrak{R} = \frac{N \cdot (N+1) \cdot (N+2) \cdots (N+P-1)}{1 \cdot 2 \cdot 3 \cdots P}$$

$$= \frac{(N+P-1)!}{(N-1)!\,P!}.$$

Nun ist nach dem STIRLINGschen Satz in erster Annäherung:

$$N! = N^N,$$

folglich in entsprechender Annäherung

$$\mathfrak{R} = \frac{(N+P)^{N+P}}{N^N \cdot P^P}.$$

§ 4. Die Hypothese, welche wir jetzt der weiteren Rechnung zugrunde legen wollen, lautet folgendermaßen: Die Wahrscheinlichkeit W dafür, daß die N Resonatoren insgesamt die Schwingungsenergie U_N besitzen, ist proportional der Anzahl $\mathfrak{R}$ aller bei der Verteilung der Energie U_N auf die N Resonatoren möglichen Komplexionen; oder mit anderen Worten: irgendeine bestimmte Komplexion ist ebenso wahrscheinlich, wie irgendeine andere bestimmte Komplexion. Ob diese Hypothese in der Natur wirklich zutrifft, kann in letzter Linie nur durch die Erfahrung geprüft werden. Dafür wird es aber umgekehrt möglich sein, falls die Erfahrung einmal zu ihren Gunsten entschieden haben sollte, aus der Gültigkeit dieser Hypothese weitere Schlüsse zu ziehen auf die speziellere Natur der Resonatorschwingungen, nämlich auf den Charakter der dabei auftretenden „indifferenten und ihrer Größe nach vergleichbaren ursprünglichen Spielräume", in der Ausdrucksweise von J. v. KRIES.[1]) Bei dem jetzigen Stande der Frage dürfte allerdings ein weiteres Beschreiten dieses Gedankenganges noch verfrüht erscheinen.

§ 5. Nach der eingeführten Hypothese in Verbindung mit Gleichung (3) ist die Entropie des betrachteten Systems von Resonatoren bei passender Bestimmung der additiven Konstanten:

$$\begin{aligned} S_N &= k \log \mathfrak{R} \\ &= k\{(N+P)\log(N+P) - N\log N - P\log P\} \qquad (5) \end{aligned}$$

und mit Berücksichtigung von (4) und (1):

$$S_N = kN\left\{\left(1+\frac{U}{\varepsilon}\right)\log\left(1+\frac{U}{\varepsilon}\right) - \frac{U}{\varepsilon}\log\frac{U}{\varepsilon}\right\}.$$

[1]) JOH. V. KRIES, Die Prinzipien der Wahrscheinlichkeitsrechnung, Freiburg 1886, S. 36.

Also nach (2) die Entropie S eines Resonators als Funktion seiner Energie U:

$$S = k\left\{\left(1+\frac{U}{\varepsilon}\right)\log\left(1+\frac{U}{\varepsilon}\right)-\frac{U}{\varepsilon}\log\frac{U}{\varepsilon}\right\}. \qquad (6)$$

II. Einführung des Wienschen Verschiebungsgesetzes

§ 6. Nächst dem KIRCHHOFFschen Satz von der Proportionalität des Emissions- und des Absorptionsvermögens bildet das von W. WIEN[1]) entdeckte und nach ihm benannte sogenannte Verschiebungsgesetz, welches das STEFAN-BOLTZMANNsche Gesetz der Abhängigkeit der Gesamtstrahlung von der Temperatur als spezielle Anwendung mit umfaßt, in dem fest begründeten Fundament der Theorie der Wärmestrahlung den wertvollsten Bestandteil. Es lautet, in der ihm von M. THIESEN[2]) gegebenen Fassung:

$$E \cdot \mathrm{d}\lambda = \vartheta^5 \psi(\lambda\vartheta) \cdot \mathrm{d}\lambda,$$

wo λ die Wellenlänge, $E\,\mathrm{d}\lambda$ die räumliche Dichte der dem Spektralbezirk λ bis $\lambda + \mathrm{d}\lambda$ angehörenden „schwarzen" Strahlung[3]), ϑ die Temperatur und $\psi(x)$ eine gewisse Funktion des einzigen Arguments x bezeichnet.

§ 7. Wir wollen nun untersuchen, was das WIENsche Verschiebungsgesetz über die Abhängigkeit der Entropie S unseres Resonators von seiner Energie U und seiner Eigenperiode aussagt, und zwar gleich in dem allgemeinen Falle, daß der Resonator sich in einem beliebigen diathermanen Medium befindet. Zu diesem Zwecke verall-

---

[1]) W. WIEN, Sitzungsber. dtsch. Akad. Wiss. Berlin vom 9. Februar 1893, S. 55.

[2]) M. THIESEN, Verhandlungen dtsch. physik. Ges. 2 (1900) 66.

[3]) Man könnte vielleicht noch passender von einer „weißen" Strahlung sprechen, in sachgemäßer Verallgemeinerung dessen, was man schon jetzt unter vollkommen weißem Licht versteht.

gemeinern wir zunächst die THIESENsche Form des Gesetzes auf die Strahlung in einem beliebigen diathermanen Medium mit der Lichtfortpflanzungsgeschwindigkeit c. Da wir nicht die Gesamtstrahlung, sondern monochromatische Strahlung zu betrachten haben, so wird es beim Vergleich verschiedener diathermaner Medien nötig, statt der Wellenlänge λ die Schwingungszahl ν einzuführen.

Bezeichnen wir also die räumliche Dichte der dem Spektralbezirk ν bis $\nu + d\nu$ angehörenden strahlenden Energie mit $\mathfrak{u}\, d\nu$, so ist zu schreiben: $\mathfrak{u}\, d\nu$ statt $E\, d\lambda$, c/λ statt λ, und $c\, d\nu/\nu^2$ statt $d\lambda$. Dadurch ergibt sich:

$$\mathfrak{u} = \vartheta^5 \cdot \frac{c}{\nu^2} \cdot \psi\left(\frac{c\vartheta}{\nu}\right).$$

Nun ist nach dem bekannten KIRCHHOFF-CLAUSIUSschen Gesetz die von einer schwarzen Fläche pro Zeiteinheit in ein diathermanes Medium emittierte Energie von bestimmter Temperatur ϑ und bestimmter Schwingungszahl ν umgekehrt proportional dem Quadrate c^2 der Fortpflanzungsgeschwindigkeit: also ist die räumliche Energiedichte $\mathfrak{u}$ umgekehrt proportional c^3, und wir erhalten:

$$\mathfrak{u} = \frac{\vartheta^5}{\nu^2 c^3} f\left(\frac{\vartheta}{\nu}\right),$$

wobei die Konstanten der Funktion f von c unabhängig sind.

Stattdessen können wir auch schreiben, wenn f jedesmal, auch im Folgenden, eine neue Funktion eines einzigen Arguments bezeichnet:

$$\mathfrak{u} = \frac{\nu^3}{c^3} f\left(\frac{\vartheta}{\nu}\right) \tag{7}$$

und ersehen unter anderem daraus, wie bekannt, daß die in dem Kubus einer Wellenlänge enthaltene strahlende Energie von bestimmter Temperatur und Schwingungszahl $\mathfrak{u}\lambda^3$ für alle diathermanen Medien dieselbe ist.

§ 8. Um nun von der räumlichen Strahlungsdichte $\mathfrak{u}$ zur Energie U eines in dem Strahlungsfelde befindlichen, stationär mitschwingenden Resonators mit der nämlichen Schwingungszahl ν überzugehen, benutzen wir die in Gleichung (34) meiner Abhandlung über irreversible Strahlungsvorgänge[1]) ausgedrückte Beziehung

$$\mathfrak{K} = \frac{\nu^2}{c^2} U$$

($\mathfrak{K}$ ist die Intensität eines monochromatischen, geradlinig polarisierten Strahles), welche zusammen mit der bekannten Gleichung:

$$\mathfrak{u} = \frac{8\pi\mathfrak{K}}{c}$$

die Beziehung liefert:

$$\mathfrak{u} = \frac{8\pi\nu^2}{c^3} U. \tag{8}$$

Hieraus und aus (7) folgt:

$$U = \nu f\left(\frac{\vartheta}{\nu}\right),$$

wo nun c überhaupt nicht mehr vorkommt. Stattdessen können wir auch schreiben:

$$\vartheta = \nu f\left(\frac{U}{\nu}\right).$$

§ 9. Endlich führen wir auch noch die Entropie S des Resonators ein, indem wir setzen:

$$\frac{1}{\vartheta} = \frac{\mathrm{d}S}{\mathrm{d}U}. \tag{9}$$

Dann ergibt sich:

$$\frac{\mathrm{d}S}{\mathrm{d}U} = \frac{1}{\nu} f\left(\frac{U}{\nu}\right)$$

1) M. PLANCK, Ann. Physik 1 (1900) 99.

und integriert:

$$S = f\left(\frac{U}{\nu}\right), \tag{10}$$

d. h. die Entropie des in einem beliebigen diathermanen Medium schwingenden Resonators ist von der einzigen Variablen U/ν abhängig und enthält außerdem nur universelle Konstante. Dies ist die einfachste mir bekannte Fassung des WIENschen Verschiebungsgesetzes.

§ 10. Wenden wir das WIENsche Verschiebungsgesetz in der letzten Fassung auf den Ausdruck (6) der Entropie S an, so erkennen wir, daß das Energieelement ε proportional der Schwingungszahl ν sein muß, also:

$$\varepsilon = h \cdot \nu$$

und somit:

$$S = k\left\{\left(1+\frac{U}{h\nu}\right)\log\left(1+\frac{U}{h\nu}\right) - \frac{U}{h\nu}\log\frac{U}{h\nu}\right\}.$$

Hierbei sind h und k universelle Konstante.

Durch Substitution in (9) erhält man:

$$\frac{1}{\vartheta} = \frac{k}{h\nu}\log\left(1+\frac{h\nu}{U}\right),$$

$$U = \frac{h\nu}{e^{\frac{h\nu}{k\vartheta}}-1}, \tag{11}$$

und aus (8) folgt dann das gesuchte Energieverteilungsgesetz:

$$\mathfrak{u} = \frac{8\pi h\nu^3}{c^3}\frac{1}{e^{\frac{h\nu}{k\vartheta}}-1} \tag{12}$$

oder auch, wenn man mit den in § 7 angegebenen Substitutionen statt der Schwingungszahl ν wieder die Wellenlänge λ einführt:

$$E = \frac{8\pi ch}{\lambda^5}\frac{1}{e^{\frac{ch}{k\lambda\vartheta}}-1}. \tag{13}$$

Die Ausdrücke für die Intensität und für die Entropie der im diathermanen Medium fortschreitenden Strahlung, sowie den Satz der Vermehrung der gesamten Entropie bei nichtstationären Strahlungsvorgängen denke ich an anderer Stelle abzuleiten.

III. Zahlenwerte

§ **11.** Die Werte der beiden Naturkonstanten h und k lassen sich mit Hilfe der vorliegenden Messungen ziemlich genau berechnen. F. KURLBAUM[1]) hat gefunden, daß, wenn man mit S_t die gesamte Energie bezeichnet, die von 1 qcm eines auf t °C befindlichen schwarzen Körpers in 1 sec in die Luft gestrahlt wird:

$$S_{100} - S_0 = 0{,}0731 \, \frac{\text{Watt}}{\text{cm}^2} = 7{,}31 \cdot 10^5 \, \frac{\text{erg}}{\text{cm}^2 \, \text{sec}}.$$

Daraus ergibt sich die räumliche Dichte der gesamten Strahlungsenergie in der Luft bei der absoluten Temperatur 1:

$$\frac{4 \cdot 7{,}31 \cdot 10^5}{3 \cdot 10^{10} \cdot (373^4 - 273^4)} = 7{,}061 \cdot 10^{-15} \, \frac{\text{erg}}{\text{cm}^3 \, \text{grad}^4}.$$

Andererseits ist nach (12) die räumliche Dichte der gesamten strahlenden Energie für $\vartheta = 1$:

$$u = \int_0^\infty \mathfrak{u} \, d\nu = \frac{8\pi h}{c^3} \int_0^\infty \frac{\nu^3 \, d\nu}{e^{\frac{h\nu}{k}} - 1}$$

$$= \frac{8\pi h}{c^3} \int_0^\infty \nu^3 \left(e^{-\frac{h\nu}{k}} + e^{-\frac{2h\nu}{k}} + e^{-\frac{3h\nu}{k}} + \cdots \right) d\nu$$

---

[1]) F. KURLBAUM, Wied. Ann. **65** (1898) 759.

und durch gliedweise Integration:

$$u = \frac{8\pi h}{c^3} \cdot 6 \left(\frac{k}{h}\right)^4 \left(1 + \frac{1}{2^4} + \frac{1}{3^4} + \frac{1}{4^4} + \cdots\right)$$

$$= \frac{48\pi k^4}{c^3 h^3} \cdot 1{,}0823.$$

Setzt man dies $= 7{,}061 \cdot 10^{-15}$, so ergibt sich, da $c = 3 \cdot 10^{10}$,

$$\frac{k^4}{h^3} = 1{,}1682 \cdot 10^{15}. \tag{14}$$

§ 12. O. LUMMER und E. PRINGSHEIM[1]) haben das Produkt $\lambda_m \vartheta$, wo λ_m die Wellenlänge des Maximums von E in Luft bei der Temperatur ϑ bedeutet, zu 2940 $\mu \cdot$ grad bestimmt. Also in absolutem Maß:

$$\lambda_m \vartheta = 0{,}294 \text{ cm} \cdot \text{grad}.$$

Andererseits folgt aus (13), wenn man den Differentialquotienten von E nach λ gleich Null setzt, wodurch $\lambda = \lambda_m$ wird:

$$\left(1 - \frac{ch}{5k\lambda_m \vartheta}\right) \cdot e^{\frac{ch}{k\lambda_m \vartheta}} = 1$$

und aus dieser transzendenten Gleichung:

$$\lambda_m \vartheta = \frac{ch}{4{,}9651 \cdot k}.$$

Folglich:

$$\frac{h}{k} = \frac{4{,}9651 \cdot 0{,}294}{3 \cdot 10^{10}} = 4{,}866 \cdot 10^{-11}.$$

Hieraus und aus (14) ergeben sich die Werte der Natur-

---

[1]) O. LUMMER und E. PRINGSHEIM, Verhandlungen dtsch. physik. Ges. 2 (1900) 176.

konstanten:

$$h = 6{,}55 \cdot 10^{-27}\,\mathrm{erg} \cdot \mathrm{sec}, \tag{15}$$

$$k = 1{,}346 \cdot 10^{-16}\,\frac{\mathrm{erg}}{\mathrm{grad}}. \tag{16}$$

Das sind dieselben Zahlen, welche ich in meiner früheren Mitteilung angegeben habe.

(Eingegangen am 7. 1. 1901)

Über die Elementarquanta der Materie und der Elektrizität*)

von

MAX PLANCK

(Aus den Verhandlungen der Deutschen Physikalischen Gesellschaft, 2, p. 244, 1900, mitgeteilt vom Verfasser).

In seiner grundlegenden Abhandlung „Über die Beziehung zwischen dem zweiten Hauptsatz der mechanischen Wärmetheorie und der Wahrscheinlichkeitsrechnung bez. den Sätzen über das Wärmegleichgewicht" hat Hr. L. BOLTZMANN[1]) die Entropie eines im Gleichgewicht befindlichen einatomigen Gases dargestellt, durch den Logarithmus der Wahrscheinlichkeit des Zustandes, indem er die Beziehung[2]) nachwies:

$$\int \frac{dQ}{T} = \frac{2}{3}\,\Omega = \frac{2}{3}\log \mathfrak{P}.$$

Hier bedeutet dQ die von außen zugeführte Wärme in mechanischem Maße, T die mittlere lebendige Kraft eines

*) Ann. Physik **4** (1901) 564–566.

[1]) L. BOLTZMANN, Sitzungsber. Akad. Wiss. Wien, Abt. II, **76** (1877) 373

[2]) l. c. S. 428.

Atoms, und $\Omega = \log \mathfrak{P}$ den natürlichen Logarithmus der durch die Anzahl $\mathfrak{P}$ der möglichen „Komplexionen" gemessenen Wahrscheinlichkeit der stationären Geschwindigkeitsverteilung unter den Atomen.

Nun ist, wenn m die Masse eines g-Atoms, ω das Verhältnis der Masse eines wirklichen Atoms zu der Masse eines g-Atoms, und $\overline{c^2}$ das mittlere Quadrat der Geschwindigkeit bezeichnet:

$$T = \frac{1}{2}\,\omega m \overline{c^2},$$

ferner:

$$c^2 = \frac{3R\vartheta}{m},$$

wobei R die sogenannte absolute Gaskonstante ($8{,}31 \cdot 10^7$ für Sauerstoff mit Atomgewicht 16), ϑ die Temperatur bedeutet; folglich die Entropie des Gases:

$$\int \frac{dQ}{\vartheta} = \omega R \log \mathfrak{P}.$$

Andererseits hat sich in der von mir entwickelten elektromagnetischen Theorie der Wärmestrahlung für die Entropie einer großen Anzahl von unabhängig schwingenden, in einem stationären Strahlungsfeld befindlichen linearen Resonatoren der folgende Ausdruck[1]) ergeben:

$$k \log \mathfrak{R},$$

wo $\mathfrak{R}$ die Anzahl der möglichen Komplexionen, k die Zahl $1{,}346 \cdot 10^{-16}$ [erg:grad][2]) bedeutet:

Der hier auftretende Zusammenhang zwischen Entropie und Wahrscheinlichkeit hat wohl nur dann einen physikalischen Sinn, wenn er allgemein gilt, nicht nur für die Geschwindigkeit der Atome und die Schwingungen der Resonatoren einzeln, sondern auch für beide Vor-

[1]) M. PLANCK, vgl. die vorhergehende Abhandlung in diesem Buch, Gleichung (5).

[2]) l. c. Gleichung (16).

gänge zusammengenommen. Wenn also in dem Gase auch strahlende Resonatoren vorhanden sind, so ist danach die Entropie des ganzen Systems proportional dem Logarithmus der Zahl aller möglicher Komplexionen, Geschwindigkeiten und Strahlung zusammengenommen. Da aber nach der elektromagnetischen Theorie der Strahlung die Geschwindigkeiten der Atome vollkommen unabhängig sind von der Verteilung der strahlenden Energie, so ist die Gesamtzahl der Komplexionen einfach gleich dem Produkte der auf die Geschwindigkeiten und der auf die Strahlung bezüglichen Zahlen, mithin die Gesamtentropie, wenn f einen Proportionalitätsfaktor bedeutet:

$$f \log (\mathfrak{P}\mathfrak{R}) = f \log \mathfrak{P} + f \log \mathfrak{R}.$$

Der erste Summand ist die kinetische, der zweite die Strahlungsentropie. Durch Vergleichung mit den vorigen Ausdrücken erhält man hieraus:

$$f = \omega R = k,$$

oder

$$\omega = \frac{k}{R} = 1{,}62 \cdot 10^{-24},$$

d. h. ein wirkliches Molekül ist das $1{,}62 \cdot 10^{-24}$ fache eines g-Moleküls, oder: ein Wasserstoffatom wiegt $1{,}64 \cdot 10^{-24}$ g, da $H = 1{,}01$, oder: auf ein g-Molekül eines jeden Stoffes gehen $1/\omega = 6{,}175 \cdot 10^{23}$ wirkliche Moleküle. Hr. O. E. MEYER[1]) berechnet diese Zahl auf $640 \cdot 10^{21}$, also nahe übereinstimmend. Die LOSCHMIDTsche Konstante $\mathfrak{N}$, d. h. die Anzahl der Gasmoleküle in 1 ccm bei 0 °C und 1 Atm. Druck ist:

$$\mathfrak{N} = \frac{1013200}{R \cdot 273 \cdot \omega} = 2{,}76 \cdot 10^{19}.$$

Hr. DRUDE[2]) findet $\mathfrak{N} = 2{,}1 \cdot 10^{19}$.

---

[1]) O. E. MEYER, Die kinetische Theorie der Gase, 2. Aufl. (1899), Seite 337.

[2]) P. DRUDE, Ann. Physik 1 (1900) 578.

Die BOLTZMANN-DRUDEsche Konstante α, d. h. die mittlere lebendige Kraft eines Atomes bei der absoluten Temperatur 1 ist:

$$\alpha = \frac{3}{2}\,\omega R = \frac{3}{2}\,k = 2{,}02 \cdot 10^{-16}.$$

Hr. DRUDE[1]) findet $\alpha = 2{,}65 \cdot 10^{-16}$.
Das Elementarquantum der Elektrizität e, d. h. die elektrische Ladung eines positiven einwertigen Ions oder Elektrons ist, wenn ε die bekannte Ladung eines einwertigen g-Ions bedeutet:

$$e = \varepsilon\omega = 4{,}69 \cdot 10^{-10} \text{ elektrostatische Einh.}$$

Hr. F. RICHARZ[2]) findet $1{,}29 \cdot 10^{-10}$, Hr. J. J. THOMSON[3]) neuerdings $6{,}5 \cdot 10^{-10}$.

Alle diese Beziehungen beanspruchen, wenn die Theorie überhaupt richtig ist, nicht annähernde, sondern absolute Gültigkeit. Daher fällt die Genauigkeit der berechneten Zahlen wesentlich mit derjenigen der relativ unsichersten, der Strahlungskonstanten k, zusammen, und übertrifft somit bei weitem alle bisherigen Bestimmungen dieser Größen. Ihre Prüfung durch direktere Methoden wird eine ebenso wichtige wie notwendige Aufgabe der weiteren Forschung sein.

(Eingegangen 9. Januar 1901)

---

[1]) l. c.
[2]) F. RICHARZ, Wied. Ann. **52** (1894) 397.
[3]) J. J. THOMSON, Philos. Mag. **46** (1898) 528.

Zur Bezeichnungsweise

Wir stellen im folgenden einige von den Autoren der nachgedruckten Arbeiten benutzten Symbole (linke Seite) den von uns verwendeten Bezeichnungen (rechte Seite) gegenüber.

Kirchhoff

A	$\mathscr{A}$
$E\,\mathrm{d}\lambda$	$\mathrm{d}W_{\mathrm{em}}$
$e\,\mathrm{d}\lambda$	$\mathrm{d}W^0_{\mathrm{em}}$
I	$\mathfrak{E}^0$
$M\,\mathrm{d}\lambda$	$\mathrm{d}W_{r,t}$
r	$\mathscr{R}$
s	r
T	$\mathscr{T}$
w_1	$\mathrm{d}A \cos\vartheta$
w_2	$\mathrm{d}A_2 \cos\vartheta_2$

Boltzmann

f	p
t	T
ψ	u

Wien

E	W
T	λ/c
ϑ	T
φ	u
ψ	u

RAYLEIGH

c_2	ac
k	$\dot{n} = \text{const}\ \nu$
p, q, r	n_1, n_2, n_3
θ	T

PLANCK

E, E_λ	$\mathfrak{K}_\lambda$
K	$\int\limits_0^\infty \mathfrak{K}_\nu \mathrm{d}\nu$
$\mathfrak{K}$	$\mathfrak{K}_1 = \mathfrak{K}_2$
W	$\mathfrak{W}$
ϑ	T
ω	$1/L$

In der Arbeit „Über eine Verbesserung der WIENschen Spektralgleichung" bedeutet T die absolute Temperatur. In der Arbeit über die „Elementarquanta" ist dagegen $T = \bar{\varepsilon}$, die mittlere (kinetische) Energie eines Atoms. m ist die Masse des Grammatoms und nicht des Atoms.

Sachverzeichnis

GPSR Compliance

The European Union's (EU) General Product Safety Regulation (GPSR) is a set of rules that requires consumer products to be safe and our obligations to ensure this.

If you have any concerns about our products, you can contact us on ProductSafety@springernature.com

In case Publisher is established outside the EU, the EU authorized representative is:

Springer Nature Customer Service Center GmbH
Europaplatz 3
69115 Heidelberg, Germany

Batch number: 10577876

Printed by Printforce, the Netherlands